世界の屋根

チベットの生き物

劉　務林　著
三猪正道　監訳
小山康夫　訳

科学出版社東京

目　次

凡　例

・本書は、劉務林著『世界屋脊上的生命』（中国大百科全書出版社、2010 年）の日本語版である。翻訳にあたっては、2012 年刊行の二刷を底本とした。

・監訳は三潴正道が、翻訳は小山康夫が担当した。

・本書における「チベット」は、チベット高原（青蔵高原）全域ではなく、おおむね「チベット自治区」をその範囲としている。

・文中の（　）は、原書の記述に従った。出典が明記されていない参考文献注記などは原書のままとした。

・文中の〔　〕は、翻訳者による注である。

・チベット語のカタカナ表記については、原則としてラサを中心とする地域の発音を基準に、原音表記とした。地名の原綴は、武振華主編、国家測絵局地名研究所編『西蔵地名』（北京、国家蔵学出版社、1995 年）などを参照して確認した。

・動植物の学名のカタカナ表記は、原則として古典ラテン語読みを採用した。学名の原語については、インターネット上のリソースのほか、吉田外司夫写真・解説『ヒマラヤ植物大図鑑』（山と渓谷社、2005 年）、任美鍔編著、阿部治平・駒井正一訳『中国の自然地理』（東京大学出版会、1986 年）、村上哲夫・南基泰著『チベット高原の不思議な自然』（築地書館、2016 年）や、管開雲・魯元学著、邑田仁監修、李樹華翻訳『雲南花紀行――8 大名花をめぐる旅』（国際花と緑の博覧会記念協会、2003 年）等を参照して確認し、一部訂正した。

・原書刊行から本翻訳書刊行までの間に、チベット自治区内の一部地区が地級市に昇格するなど、行政区画のレベルや名称に変更があったため、本書では現行の行政区画名や地名に改めた。

・原文にある明らかな誤りについては、訂正によって本文に影響のないところは訂正したが、訂正できないところは言葉を補うかそのままとした。

・日本語版では読者の便宜をはかるため、索引を付した。

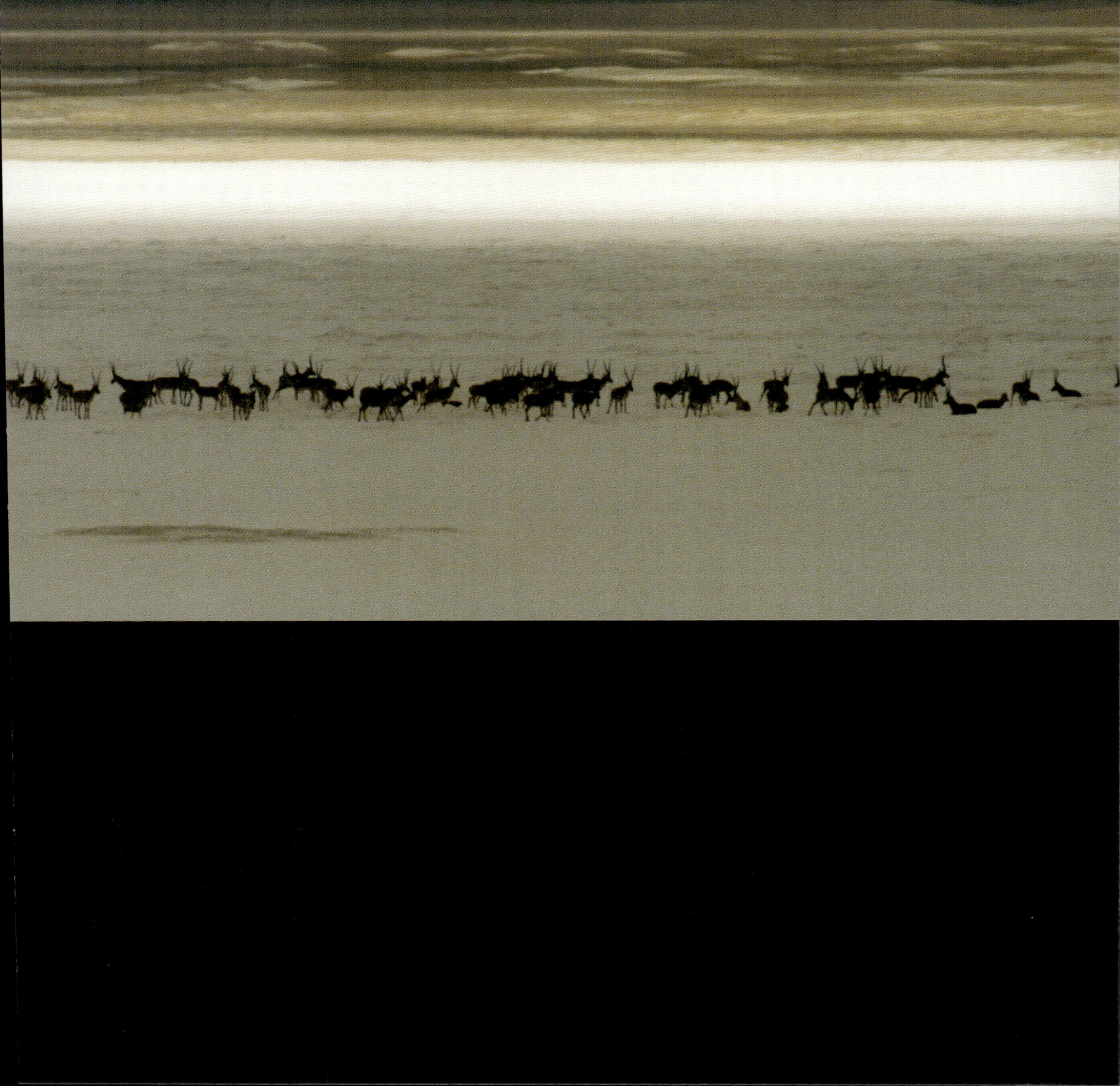

監訳者まえがき

1990年代に経済の高度成長期を迎えた中国では、同時におこなわれた穀物増産運動も相俟って自然破壊が急速に進行し、1997年には黄河が下流の河南省で途絶える事態まで起こった。それを境に“退耕還林還草”（耕地を森林や草原に戻す）運動が起こったことは記憶に新しい。

しかし、環境破壊がそれでストップしたわけではない。2005年の環境調査では、全国的な酸性雨の発生や表流水の広範囲な汚染が観測され、胡錦濤政権下では“以人為本”（人に優しい）を基礎とした、人と自然の“和諧社会”（調和のとれた社会）を目指す方針が掲げられた。

こうした流れを受けて、2012年の中国共産党第18回全国代表大会で総書記に就任した習近平は、今後の中国国土発展計画のマザープランとして＜全国主体機能区計画＞を策定、恵まれた生態を保持する地域は、その生態優位性をよすがにして他地域に負けない豊かな生活を手に入れるよう発展プランを整備する方針を打ち出した。

習近平のこの考え方は突然降って湧いたものではない。すでに2006年、浙江省書記だった時代に“緑水青山”や“金山銀山”という言葉を用いている。その考えが、第18回党大会以降、彼がしばしば口にしている「“緑水青山”それ自体が“金山銀山”」という言葉につながっているのである。

こういった背景の下、中国では近年、豊かな自然の保守と再生が大きなテーマになっている。中でも、西部の各省、三江源流地域を抱える青海省、チベット（青蔵）高原を抱えるチベット自治区、雲貴高原を抱える雲南省などの貴重な植生や動物の存在は、単に中国のみならず、世界的レベルで見ても、種の保存や生物の発展史、さらには地球の気候変動を探るといった面で実に貴重である。中でもチベット自治区は、豊かな水系と稀に見る高低差を誇る渓谷や山岳が、あらゆる気候条件を内蔵し、独自の生物分布を形成している。

近年、中国政府によって着実に環境政策が推進されていることは評価されてよい。2018年までに全国に設置された自然保護区は2750か所に達し、国家レベルの保護区は469か所を数え、その80%ほどに赤外線カメラが設置されている。しかし、一方ではその間に生命の揺籃地とも言われる湿地の減少が急速に進み、2016年までの10年間では実に8.8%、340万haもの湿地が減少してしまった。政府は2013年の立法を皮切りに、湿地の回復に本格的に取り組んでおり、2017年には「湿地保護修復制度プラン」を打ち出すなどし、ここ数年、その成果が徐々に出始めている。

チベットでも成果は顕著に表れている。すでに2008年には「チベット生態安全障壁保護と建設計画（2008−2030年）」が実施され、チャンタン（蔵北）高原にあり、260余りの湖沼を抱えるミディカ（麦地卡）湿地は広大な湿地が蘇生し、現在、鳥類だけでも70種類以上が棲息している。また、他の湿地でも、回復につれて年々渡り鳥の飛来が増加するなどの好ましい成果が報告されるようになった。さらにチョモランマ自然保護区を例に挙げると、積極的な取り組みが奏功し、代表的な動物であるユキヒョウの生息数が倍加したというニュースも報道された。

こうしたチベットの豊かな自然や地質に対する調査は、実はかなり早くから行われており、1970年代には調査隊が毎年のように送り込まれ、『青蔵高原科学考察叢書』（青蔵部分）が科学出版社から続々と刊行されている。また、1980年ごろには『掲開世界屋脊的奥秘』『考察在西蔵高原上』と言った読み物も出版された。

本書の著者、劉務林氏はチベット自治区林業調査計画研究院院長であり、チベットの生物に精通した生物学者である。本書は氏の豊かな学識を余すところなく盛り込み、しかも貴重な写真をふんだんに配した傑作であり、生物研究の宝庫としてのチベットの真面目を読者に供するであろう。

訳者の小山康夫氏に一言触れておこう。今回、本書の翻訳に際し、氏にめぐり合えたことはまさに僥倖と言えよう。チベット語に通じ、英語・中国語にも堪能な氏の力量なくして本書の刊行は困難だったに違いない。その真摯かつ弛まざる取り組みに心から敬意を表したい。

この本の紹介を通し、世界の宝といって過言ではないチベットの自然と、それを保護するための政府や研究者たち、並びに現地の人びとの孜々とした取り組みに一層の理解が得られることを期待する。

三潴正道

2019年6月

チベット自治区自然地理区分地図

1. 西南高山峡谷区——東チベットの高山峡谷森林低木亜区
2. 西南高山峡谷区——ヒマラヤ山脈東南山麓の高山峡谷多雨林亜区
3. チベット高原高地寒冷区——南チベットの山地性高原湖盆峡谷亜区
4. チベット高原高地寒冷区——北チベットのチャンタン高原亜区

GS（2019）2658

チベット自治区自然保護区分布略図

1. チョモランマ国家級自然保護区
2. ヤルン・ツァンポ（雅魯蔵布）大峡谷国家級自然保護区
3. チャンタン国家級自然保護区
4. ホン・ラ（紅拉山）ウンナンシシバナザル国家級自然保護区
5. ティパ（慈巴）溝国家級自然保護区
6. セリン・ツォ（色林錯［湖］）オグロヅル繁殖地国家級自然保護区
7. ヤルン・ツァンポ（雅魯蔵布［江］）中流オグロヅル越冬地国家級自然保護区
8. コンポ（工布）自治区級自然保護区
9. タモリン（長毛嶺）アカシカ自治区級自然保護区
10. ナム・ツォ（納木錯［湖］）湿地自治区級自然保護区
11. ニンティ（林芝）ダクチ（巴結）クプレッスス・ギガンテア（巨柏）自治区級自然保護区
12. ラル（拉魯）湿地自治区級自然保護区
6
ナクチュ市
9
チャムド市
11
チャムド（昌都）市
10
ラサ（拉薩）市
7
ラサ市
ニンティ市
2
4
8
5
ロカ市
ニンティ（林芝）市
12
ロカ（山南）市
N

GS（2019）2658

Ⅰ．チベット自治区の自然地理概況・林野生態・生物多様性

自然地理概況

南チベットの河谷

チベット自治区は、中国西南の端、東経 78° 24′ ～ 99° 06′、北緯 26° 52′ ～ 36° 32′の間に位置する。東は四川省と雲南省に隣接し、北は青海省と新疆ウイグル族自治区に連なり、南はミャンマー、インド、ブータン、ネパール等の国々と境を接し、西はカシミール地方に隣接する。総面積は約 120 万 km^2 余りで中国全土の約 1/8 を占める。チベットはかねてより「世界の屋根」と呼ばれ、平均海抜は約 4000 m に及び、地球の頂きとなっている。チベットは、大山系と高原と広い谷や湖盆とが連なる地域である。世界的に有名ないくつかの大山脈がチベット高原の形状を構成している。そのうち、西部には、東西に走る山脈（南から北に、ヒマラヤ山脈、ガンディセ（岡底斯）――ニェンチェン・タン・ラ（念青唐古拉）山脈、カラコルム――タン・ラ（唐古拉）山脈、クヌ・ラ（崑崙山）――フフシル（ココシリ）山脈）があり、東部には、南北に走る横断山脈（東から西に、ダルマ・ラ（達爾馬拉［山］）――マルカム（芒康）山――寧静山脈、テナセリム（他念他翁）山脈、ボシュ・ラ（伯舒拉［嶺］）山脈）がある。

域内には、流域面積が 1 万 km^2 級の河川が 20 本ある。長江、サルウィン川（ギャモンギュ・チュ；怒江）、メコン川（ザ・チュ；瀾滄江）、ブラマプトラ川（ヤルン・ツァンポ；雅魯蔵布［江］）、インダス川といったアジアの有名な河川の主要な支流はみなチベットを源流とし、あるいはチベットを経由している。そのうち、チベット自治区内の流域面積 24 万 km^2 余り、長さ 2057km に達するヤルン・ツァンポは、自治区南部を西から東に流れる区内最大の河川であり、中国で最も有名な大河でもあり、インドに入るとブラマプトラ川と称され、インド洋に注ぐ。その他、四囲をそれぞれ大山脈に囲まれたチベット自治区北部には、60 数万 km^2 近くにわたる内陸水系があり、数千を数える内陸河川の多くは内陸湖に注ぐ。最大の内陸河川であるツァキャ・ツァ

東チベットの横断山脈

野花と虹の映える村

村に虹がかかることは、チベット自治区東部地域ではよく見られる現象である。乾燥高温の河谷地帯の気候は暑さが厳しく、植生はまばらであり、農業生産に都合がよい。山の中腹に行けば、気候は涼しくなり、降水量が増え、樹木が育ち繁茂する。ここに暮らす村人たちは、山の上には牧場をもち、山の下には農地をもつ。

ンポ（扎加蔵布［江］）は、長さ409km、流域面積1万4850km^{2}に達し、セリン・ツォ（色林錯［湖］）に流入する。

多数分布する湖は、チベット自治区の自然景観における顕著な特徴の1つである。チベット自治区の湖群は、世界でも海抜が最も高く、最も広範囲にわたり、最も多く分布する高原湖群である。自治区全域におけるその総面積は約2.4万km^{2}で、中国における湖の総面積の1/3を占め、距離を遥かに隔てて相対する長江中下流の海へ流入する湖とともに、中国で最も標高差の大きい2つの大湖群を形成している。チベット自治区全域の1500以上の湖の中で、1km^{2}を超えるものは800余りを数え、100km^{2}を超えるものが35あり、250km^{2}を超えるものは14ある。ナム・ツォ（納木錯［湖］）、セリン・ツォ（色林錯［湖］）、タンラ・ユムツォ（当惹雍錯［湖］）、タリナム・ツォ（扎日南木錯［湖］）の面積はどれも1000km^{2}以上である。ナム・ツォ（納木錯［湖］）は面積1920km^{2}で、中国では青海湖（モンゴル名：ココノール；チベット名：ツォ・ンゴンポまたはツォ・ティショル・ギャルモ）に次ぐ第2の内陸湖であり、海抜が世界で最も高い大きな湖でもある。

チベット高原は、特殊で多様な地形、地表形態、高地の大気循環および気象システムの影響を受け、複雑多様な独特の気候を形成している。水平分布において、西北は厳寒乾燥、東南は温暖湿潤という特色

ナム・ツォ（納木錯［湖］）

チャムド（昌都）石灰岩地帯の原生林

チベット高原の雪山
徐遠志　撮影

キ・チュ（拉薩河）河谷両岸の村

メト（墨脱 ペマ・コ）峡谷の雲海

ヤルン・ツァンポ（雅魯蔵布［江］）の中下流の大峡谷地帯であるメト峡谷内では、毎年年間降水量が2500mm以上に達し、熱量も十分あるので、峡谷内には常に大量の霧が発生し、上方の冷気によって、長期にわたり谷底に押しとどめられ、うっそうと茂る森林の樹木はまるで濃霧の中に浮かんでいるようにみえる。

があり、東南から西北に、亜熱帯——暖温帯——温帯——亜寒帯——寒帯の順に気候帯が並び、湿潤——半湿潤——半乾燥——乾燥と変わり、植生上も、順に、森林——低木——湿草地——草原——沙漠（荒れ地）を形成している。垂直分布において、はっきりとわかる垂直気候帯があり、「1つの山に四季があり、10里隔てれば同じ気候はない」という描写が、実際に多くの地域で当てはまる。チベット自治区は、中国で最も太陽の輻射エネルギー量が多い地域であり、中国の同じ緯度の平原地帯とくらべて、およそ1.3倍ないし2倍である。ラサ（拉薩）では、1月の月間輻射エネルギーが1km^{2}あたり12.1kcalであり、6月は月間1km^{2}あたり20kcalに達する。ラサが「陽光都市」として知られる所以である。地域全体の気温分布はおおむね東南から西北に向かって次第に低下する傾向にあり、3つの明らかな温暖地帯と2つの寒冷地帯を形成している。すなわち、チベット自治区東南部では年間平均気温が10℃、ヤルン・ツァンポ（雅魯蔵布［江］）河谷地帯では年間平均気温が6～9℃であり、横断山脈の狭い峡谷地帯では、年間で月平均気温が10℃以上になる月が5か月前後あるが、チャンタン高原（蔵北高原）では年間平均気温0℃以下、ヒマラヤ山脈・北麓山地では年間平均気温0～2℃である。チベット自治区全域の年間平均気温は-5.6～20℃である。全域の年間降水量は、東南の低地では5000mm以上で、西北に向かって漸減して50mm以下になり、その差は100倍近くに及ぶ。全体としての分布傾向は、東が多く西が少なく、南が多く北が少なく、東南は湿潤で西北は乾燥している。降水量が多い時期は6～9月に集中し、年間降水量の80～90%を占める。チベット自治区の気候の基本的特徴は次のように要約できる。(1) さまざまな類型があり、水平、垂直の差が大きい、(2) 乾燥と湿潤の季節がはっきりと分かれ、夜間の降雨が多く、雨量が多い季節と気温の高い季節が同じ時期である、(3) 光の照射は十分で、温度は低く、日ごとの差は大きく、年ごとの差は小さい、(4) 冬と春は乾燥して強風となることが多い。

チベット高原の河谷

徐遠志　撮影

ロカ（山南）の苗木畑
ロカは、ヤルン・ツァンポ（雅魯蔵布［江］）河谷において造林緑化事業をチベット自治区で最初に実施した地域である。ヤルン・ツァンポ河谷の風砂地帯に広範囲の人工林を造成するため、ロカの中心にある苗木畑の面積はすでに $0.82\,km^2$ に達し、現地あるいは国内各地から導入した優良な苗木の品種は100種以上に及ぶ。

現地の自然地理および俯瞰してみた地形と生物の分布の規則性に基づき、チベット自治区は、生物学者・自然地理学者によりおおむね4つの異なる自然地理区域に分けられている。すなわち、チベット自治区東部に位置する東チベットの高山・峡谷・森林・低木地域、チベット自治区南端に位置するヒマラヤ山脈東南山麓の高山・峡谷・多雨林地域、チベット自治区中南部河谷地域に位置する南チベットの山地性高原・湖盆・河谷地域、チベット自治区北部に位置する北チベットのチャンタン高原沙漠地域である。

シガツェ（日喀則）の冬の大地

徐遠志　撮影

林野生態と生物多様性

コンポ（工布）地域の森の中の村落

典型的な農・牧・林業生産・生活地域。村人は、ハダカムギを栽培し、ヤクを放牧し、森の中の食用キノコやテガタチドリ等の安全な野生植物を食品や薬品として採集して暮らしている。家屋はほとんどが木造だが、森林資源保護のため、近年では、木瓦に替えて屋根に鉄板が使用されている。

林野生態とは、林野生物に多様性が生じ、発展し、環境との間に形成される相互依存と相互変化の関係を指す。それを特徴づける重要な要素としては、林業発展に影響を与えるような、森林、低木、湿地、陸生野生動物、森林植物、沙漠地帯の生物、人工林、およびそれらに関連する生物環境が挙げられる。

生物多様性とは、一般に、ある特定の空間範囲に生きる多種多様な有機体（動物・植物・微生物）が法則性を持って結びついていることをいう。それは、生物と生物との間、また、生物とその生存環境との間の複雑な相互関係を具体的に表しているだけでなく、生物資源が豊富多彩であることを示すものでもある（王献溥等, 1994）。生物多様性には、主に、遺伝的多様性、種の多様性、生態系の多様性が含まれる。遺伝的多様性とは、主として、種内の異なる群体の間もしくは同一群体内の異なる個体間の遺伝的変異の総和（施立明等, 1993）のことで、「母１人に９人の子があるとすれば、母をあわせて十人十色に異なる」といわれるような現象を呈する。種の多様性とは、一定区域内の種の多様化およびその変化のことを指し、一定区域内の生物相の状況（たとえば、脅威にさらされている状況や固有性等）、形成、進化、分布パターン、その維持のメカニズムを含み（蔣志剛等, 1997）、よく「瓜を植えれば瓜がとれ、豆を植えれば豆がとれる」といわれるのはこのことである。「牛馬互いに交わることなし」とは、区別が種間の差異にあることを示している。一般に、１つの種の個体群（集団 population）が大きくなればなるほどその遺伝的多様性は増大するが、一部の個体群が激増するとそれ以外の個体群の衰退を招き、ある区域内の種の多様性が少なくなる。生態系の多様性とは、生態の経時的生物多様性変化だけでなく、異なる生態地理環境で、地形・土壌・気候・水文・日照時間・蒸発等の条件の差異の影響を受けて異なる生態系を育むことでもある。たとえば、ツンドラ・温帯針葉樹林・落葉広葉樹林・常緑広葉樹林・熱帯雨林・草原・沙漠等である。

チベット高原はそれ自体が、自然地理学的に世界でも唯一無二の構成単位である。その地域は広大で、地形も複雑、河川水系が縦横に流れ、湖が広範囲に数多く散らばり、気候類型も多様で、各種の生物や

徐遠志　撮影

サキャ（薩迦）県の早朝登校中の子どもたち

ミ・ラ（ミ峠；米拉山）牧草地の遊牧テント
毎年春が終わり夏が訪れ、雪解け水が高山湿草地上の植生を緑に染める時期になると、遊牧民は、ヤクの毛で編んだ風を避け光を通し雨水を通さないテントを組み立てて、ここで放牧生活を始める。

林野生態系タイプの形成と発展に有利な自然条件を提供する、中国ひいては世界でも生物多様性が最も豊かな地域の１つである。特殊な生物自然地理としては、世界で最も大きく最も数の多い雪山や氷河や大雪原、最も標高が高く最も大きな高原、標高が高く寒冷な沙漠や草原、他所ではみられない標高が高く寒冷な高原湿地、最も標高が高い高原湖群や大河水系や水生生物群集があり、さらには、世界で最も代表的な、熱帯から寒帯に到る高山峡谷生物多様性密集地——ヤルン・ツァンポ（雅魯蔵布）大峡谷等もある。

チベットの林野生態系には、主に森林・草原・沙漠・耕地・湿地という５大類型がある。中国国内の関連現行法規によれば、林野生態資源として行政により管理される範囲には、森林・低木・湿地・陸生野生動物・森林野生動物・沙漠化対策事業・植樹造林が含まれる。

林野生態系は、最も重要な陸上生態系であり、膨大な生物種を内蔵する、生物多様性が最も豊富な生態系の類型である。その主たる特徴は、以下の各側面に現れている。

(1)　森林類型の多様性

チベットの森林類型は、数が多く、あらゆる機能が揃っていて、中国や東南アジアの環境･気候に対して、特に重要な影響を与えている。チベットの森林には、気候・垂直帯分布によって、北から南、あるいは、高地から低地に向かって、高山低木、寒温帯針葉樹林、温帯針広混交林、暖温帯落葉樹林と針葉樹林、亜熱帯常緑広葉樹林と針葉樹林、熱帯モンスーン林、多雨林がある。そのうち、熱帯･亜熱帯の森林は、種の多様性と重要性の面で、１つの地域としては世界でも類を見ない。近年の中国森林資源に関する徹底調査によって明らかにされたところによれば、チベット自治区全域には、森林植生が８タイプ、森林樹

ニンティ（林芝）市の高原湿草地（コンポ地域高原湿草地）
湿草地地域は海抜が比較的高く、多くは海抜 3000m 以上のところにある。植生の成長期間は比較的短いが、成長を保証するだけの十分な湿度があるため、産出量は比較的高い。牧草は栄養豊富で、比較的よい牧草地となっている。

冬虫夏草
(*Cordyceps sinensis*)
チベット東南部海抜 4000m 以上の高山湿地地帯に生息する。昆虫と真菌とが結合してなるもので、昆虫は学名をヘピアルス・アルモリカヌス・オベルトゥル（虫草蝙蝠蛾 *Hepialus armoricanus Oberthur*）というコウモリガ科の蛾、真菌は学名をオフィオコルデュケプス・シネンシス（虫草菌 *Ophiocordyceps sinensis*；中国語では俗称として密環菌ともいう）という菌類である。オフィオコルデュケプス・シネンシスは、冬頃に蛾の幼虫の体内に侵入し、養分を吸収して菌糸が成長し、菌糸が体内を満たすと幼虫は死んで硬直し、夏になると死んだ幼虫の頭頂から菌包（これを俗に草という）を出し、地表から生えて出る。冬虫夏草と呼ばれる所以である。国家二級重点保護植物に指定されている。

木種が約 43 タイプあり、原始林の面積は 729 万 ha、森林の総材積量は 20 億 9000 万 km^2 に及び、中国の省レベルで首位に立つ。

(2) 湿地生物の多様性

チベット自治区は湿地面積 6 万 km^2 余りを有し、自治区全域の土地面積の約 5% を占め、国内首位を占める。そのうち、湖の面積は 2 万 5000 km^2 余りで、中国の湖の面積の約 30% を占め、河川・沼沢の面積は 3 万 5000 km^2 余りである。

チベット自治区の天然湿地には、沼沢、泥炭地、湿草地、水深の浅い湖、高原鹹湖、鹹水沼沢等の類型がある。この地域の高山湿地という類型は、中国固有の類型であるとともに、高原干魃地域の湿潤気候を調節する重要な生態系であり、多くの絶滅危惧固有野生動植物が生息する地域であるほか、渡り鳥および世界の絶滅危惧種の多くが重要な休息地・繁殖地としている。

チベット自治区は、ほぼ 90% 以上の湿地生態系が依然として原生状態にあり、人類の生産活動による破壊を受けていない。高山蛙（*Altirana parkeri*）や高原魚類（*Herzensteinia*）や水生植物のような湿地生物種の 99% 以上は、環境汚染によって数を減らしてはいない。地球の気候温暖化にしたがい、いくつかの沼沢地は縮小し始めているが、雪山や氷河の溶融によって、いくつかの湖の水位上昇も招いている。

(3) 生物群集の多様性

東部では、低地から高地へと生物群集が展開している。すなわち、三江（長江上流の金沙江（ディ・チュ）、メコン川上流の瀾滄江（ザ・チュ）、サルウィン川上流の怒江（ギャモンギュ・チュ））水系生物群――高温乾燥河谷干魃低木生物群――温帯常緑樹林・落葉樹林地帯生物群――温帯針葉樹林生物群――高山低木生物群――高山湿草地――高山周氷河植生――周氷河生物群である。南部では、低地から高地へと生物群集が展開している。すなわち、ヤルン・ツァンポ（雅魯蔵布[江]）水系河川生物群――熱帯雨林生物群――半常緑熱帯モンスーン林生物群――亜熱帯常緑広葉樹林生物群――温帯針葉樹林生物群――亜高山低木生物群――高山湿草地生物群――周氷河植生生物群等である。北部では、低地から高地へ、湖水域生物群――湖畔沼沢生物群――沙漠草原生物群――局所湿草地生物群――周氷河生物群等が展開している。

イヌワシ

ロドデンドロン・ルテスケンス
（黄花杜鵑 *Rhododendron lutescens*）
ツツジ科ツツジ属の木本植物。ヒマラヤ山脈東南麓の海抜 3600m 以下の山地に分布している。特に、チョモランマ南麓ロンシャル（絨轄）峡谷では、毎年5～6月にかけて満開の花が山野を彩る。

氷と雪に覆われた大地

果てしなく広がるチャンタンの大地といえば、人は乾燥した空気と冷たい風を思うかも知れない。実際には、その東部地域では、年間降水量は300mm以上もあり、特に毎年3～5月にかけては十分な降雪が見込まれる。多すぎる降雪は、牧畜業にいわゆる「雪害」をもたらしもするが、冬に降水量が豊かであることが、牧草の成長のための水分を保証するとともに多くの病害虫を死滅させるからこそ、夏には植生が旺盛な成長をみせ、この大地の恩恵を受ける草食動物たちすべてが元気に発育することもできるのである。

インドガン
(Anser indicus)
中国語名：斑頭雁、白鴨、黒紋頭雁
チベット域内に広く分布し、河川、湖、沼沢地帯に生息する、チベット高山湖の主要な経済水鳥の一種である。毎年10月中旬から下旬にかけて集まって大きな群をなし、繁殖地からチベット南部に飛来し越冬し、翌年3月下旬になると、またチベット北部もしくはチベット南部の海抜の高い湖水地区にある繁殖地に戻っていく。毎年5～6月は繁殖期で、水中で交配がおこなわれて各巣に4～6個の卵を産む。インドガンは、チベット高原で最もよく見られる特産種であり、現在、チベット自治区二級重点保護動物に指定されている。

チャガシラカモメの雛鳥▶

(4) 生物種・固有種の多様性

これまでに、チベット自治区には脊椎動物795種、そのうち、獣類約145種、鳥類約492種、爬虫類約55種、両生類約45種、魚類約58種（+13の亜種）、現在登録され命名されている昆虫約4000種、蜘蛛（青海省にまたがるチベット高原に生息するものを含む）403種が存在することが知られている。チベット自治区は、中国国内で、大型および中型の野生動物資源を最も豊かに保有している地域であり、多くの重要な野生動物の資源量は、いずれも、中国の省レベルでトップである。チベット自治区は、全域で、高等植物がおよそ6400種余りあり、中国で植物が最も豊かな省区の1つである。そのうち、コケ類は754種、シダ類・種子植物は5700種余りある。そのほかに、木本植物は1700種余りに達する。中国国内に裸子植物は全部で11科34属240種あるが、チベット自治区に自生しているだけで7科16属55種もある。藻類植物が1026種、真菌が878種ある。

チベット自治区東南部は、第三紀・第四紀の大陸氷河期における多くの種類の生物の「避難所」であったことから、多くの固有種が存在している。200種余りの陸生脊椎動物が、チベット自治区もしくはチベット高原に固有種として現存する。たとえば、ウンナンシシバナザル、リーフモンキー（ラングール）、アッサムモンキー、ユキヒョウ、チルー、野生のヤク、チベットガゼル、チベットアルガリ、ターキン、アカゴーラル、クチジロジカ、チベットアカシカ、ヒマラヤタール、カッショクジャコウジカ、ヒマラヤジャコウジカ、チベットゴーラル、キャン（チベットノロバ）、オグロヅル、インドガン、チベットセッケイ、チベットシロミミキジ（*Crossoptilon harmani*）、キジシャコ、ハイイロジュケイ、ニジキジ、高山蛙（*Altirana parkeri*）、オンセンヘビ、

チベットサンショウウオ、チベットガマトカゲ、チベット高原裸鯉（*Gymnocypris waddellii*）類等である。チベット自治区に4000種余り生息する昆虫の3分の1は、チベット高原の固有種であり、およそ1000種前後の高等植物は、チベット高原の固有種である。たとえば、ヘゴ科ヘゴ属植物の一種アルソピラ・アンデルソニイ（毛葉桫欏 *Alsophila andersonii*）、シダ植物の一種ヒマラヤシダ（喜馬拉雅蕨）、ヒノキ科イトスギ属植物の一種クプレッスス・ギガンテア（巨柏 *Cupressus gigantea*）、イチイ科イチイ属植物の一種ヒマラヤイチイ（喜馬拉雅紅豆杉 *Taxus wallichiana*）、マツ科トウヒ属植物の一種モリンダトウヒ（長葉雲杉 *Picea smithiana*）、マツ科マツ属植物の一種ダイオウマツ（長葉松 *Pinus palustris*）、マツ科マツ属植物の一種チルゴザマツ（西蔵白皮松 *Pinus gerardiana*）、ヒノキ科イトスギ属植物の一種オオイトスギ（西蔵柏木 *Cupressus torulosa*）、マツ科モミ属植物の一種ヒマラヤモミ（喜馬拉雅冷杉 *Abies spectabilis*）、マツ科トガサワラ属シナトガサワラ種の変種メコントガサワラ（瀾滄黄杉 *Pseudotsuga forrestii*）、ブナ科アカガシ属（もしくはコナラ属アカガシ亜属）植物の一種チベットオーク（西蔵青岡 *Cyclobalanopsis xizangensis*）、メギ科植物の一種ヒマラヤハッカクレン（桃児七 *Sinopodophyllum hexandrum*）、キク科トウヒレン属植物の一種チベットセツレン（西蔵雪蓮または三指雪兔子 *Saussurea tridactyla*）、モクレン科植物の一種チベットモクレン（西蔵木蓮 *Manglietia microtricha*）、モクレン科タラウマ属植物の一種タラウマ・ホドグソニイ（蓋裂木 *Talauma hodgsonii*）、クスノキ科タブノキ属植物の一種ザユタブノキ（察隅潤楠 *Machilus chayuensis*）、バラ科トキワサンザシ属植物の一種チベットトキワサンザシ（西蔵野苹果）、ボタン科ボタン属植物の一種パエオニア・デラヴァイ（*Paeonia delavayi*）の花弁が黄色い野生種（野生黄牡丹）、イネ科タケ亜科デンドロカラムス属植物の一種デンドロカラムス・ティベティクス（西蔵牡竹 *Dendrocalamus tibeticus*）、メト（墨脱）のヤシ科ワリッキア属植物の一種ワリッキア・キネンシス（小董棕 *Wallichia chinensis*）、オミナエシ科カンショウコウ属植物の一種カンショウ（甘松 *Nardostachys chinensis*）、ラサ（拉薩）のラン科ムカゴソウ属植物の一種クシロチドリ（角盤蘭 *Herminium monorchis*）、ラン科サカネラン属植物の一種タカネフタバラン（西蔵対葉蘭 *Listera pinetorum*）、メト（墨脱）

ハダカムギ
チベットの主要農作物である。涼しい高山気候条件で成長し、生産高は比較的高く、これを用いてつくられる「ツァンパ」は、多くのチベット族の人びとに主食として好んで食されている。

ラサ街頭のチベット族の子ども

のラン科タイリントキソウ属植物の一種プレイオネ・スコプロルム（二葉独蒜蘭 *Pleione scopulorum*）、ラン科アミトスティグマ属植物の一種アミトスティグマ・ティベティクム（西蔵無柱蘭 *Amitostigma tibeticum*）や、オフィオコルジケプス科オフィオコルジケプス属に属する菌類の一種である冬虫夏草（*Cordyceps sinensis*）、ベンケイソウ科イワベンケイ属植物の一種ロディオラ・ティベティカ（西蔵紅景天 *Rhodiola tibetica*）等がある。

(5) 人工播植（緑化）事業類型の多様性

1960 年代に、チベット自治区では、地元の樹木種を主とした民間主導の造林事業がスタートした。1969 年には、ラサ（拉薩）の東の郊外にある苗圃で、ペキンヤナギ（*Salix matsudana*）が初めて導入され、試験栽培に成功し、各地（市）に普及した。1978 年から、相次いで大部分の市（地区）や県で 49 の苗圃がつくられ、チベット自治区での生育に適した数十種類の針葉樹や広葉樹の高木や低木の造林緑化樹木種が導入され、馴化され、栽培された。1990 年以後、ヤルン・ツァンポ（雅魯蔵布［江］）中流域の「一江両河」（すなわち、ヤルン・ツァンポおよびそこに合流する支流であるキ・チュ（拉薩河）とミャン・チュ（年楚河））で、農業総合開発プロジェクトが実施され、自治区全域の人工造林面積は、毎年約 5 万ムー〔「ムー（畝）」は中国の地積単位。1 ムーは 666.7 m^2 にあたる〕から 20 万ムー余りにまで増加し、造林活着率は、70% から現在の 85% 以上にまで向上した。2001 年に実施された予備調査によれば、自治区全域で、人工広域造林保全面積が 80 万ムー、4 種の隣接エリア（田畑隣接エリア、道路隣接エリア、水辺隣接エリア、宅地隣接エリア）におけるボランティア植樹が 8000 万株、沙漠化対策整備が施された土地が 2 万 ha、森林伐採跡地に完成した人工造林が約 1 万 ha、入山禁止育林地域が約 13 万 ha、造成した苗圃が約 900 ha、苗圃から出荷した各種苗木が年

鉄山（Tie Shan）のふもとのイドン（易貢）茶畑
海抜2600m余りの世界で最も標高の高い茶畑である。1年中、雲と霧が立ちこめる特殊な高山湿潤気候が育む茶葉は、すがすがしい香りと素朴な味わいで非常に高い評判を博している。

2000万株、建設した各種果樹園が400か所余りあり、年間で、生鮮果物と乾燥果物があわせて1000万kg余り、茶葉が20万kg、桐油が1.5万kgの生産量を記録した。40年余りに及ぶ植樹造林を通じて、2000年末までには、ヤルン・ツァンポ中流域の森林被覆率は、50年前の0.8%からすでに3.4%にまで上昇している。ラサ（拉薩）、ロカ（山南）、シガツェ（日喀則）等の行政市（地区）所在地には、多くの小規模な都市景観や公園や緑地、そして大規模な緑地が建設され、独特の風貌を有する高原都市の森林公園が形成された。そのうち、ラサ市では、都市内緑地総面積が約1500ha、公共緑地面積が約260ha、1人あたりの公共緑地面積は15m^2、都市緑化被覆率は31.74%に達している。

(6) 生態環境の多様性

チベット自治区の地形には、森林地帯（約10%）、草原地帯（約38.3%）、水域（約2%）、砂地（約0.3%）、氷河（約2.1%）、沼沢（約1.2%）、砂礫沙漠（約10.3%）、岩山（約32.1%）、そして、耕作地・居住区・道路・裸地等（約3.7%）がある。地勢の変化が大きく、高低差も大きいので、チベット自治区の土壌発育環境は非常にユニークかつ複雑であり、赤道から極地帯までに分布する主要な土壌類型は、ほとんどすべてチベット自治区内に分布している。中国人科学者による半世紀近くにわたる実地調査によって、チベット自治区内に約20種の土壌類型（大土壌群）と34種の土壌下位類型（亜群）が同定されている。特に、東南部の山間には、比較的多くの種類の土壌類型が分布しており、山間部土壌垂直帯類型の種類は、中国国内で最も豊富な地域であり、土壌垂直帯類型の多様性は世界でも類を見ない。緯度が低く海抜が高いというチベット高原の地理的位置および地勢上の特徴は、チベット自治区の大気循環・気候の形成にきわめて大きな影響を与えている。地勢は、西北が高く、東南が低く、チャンタン高原は海抜約4500～5000m、チベット自治区南部のくぼ地は海抜約1000m以下であり、東南から西北に向かって順に、熱帯山岳モンスーン湿潤気候、亜熱帯山岳モンスーン湿潤気候、高原温帯モンスーン半湿潤・半乾燥気候、高原亜寒帯モンスーン半湿潤・半乾燥・乾燥気候、高原寒帯モンスーン乾燥気候等、各種の気候類型がある。東南およびヒマラヤ山脈南山麓の高山峡谷区には、低地から高地へ、地勢が徐々に高くなっていくため、気温は徐々に下がり、気候は、熱帯あるいは

亜熱帯気候から温帯、寒帯気候に到る垂直変化を呈する。平原地帯は南から北に到るまで互いに数千 km を隔ててようやく熱帯・温帯・寒帯の 3 気候帯の自然現象を呈するが、ここでは低地から高地までの水平距離はわずかに数十 km の範囲内に現れている。

(7) 保護対象種・産業利用対象種の多様性

自治区全域には、国と自治区の重点保護対象リストに入っている野生動物が 141 種いる。そのうち、国家一級重点保護野生動物には、ウンナンシシバナザル、トラ、野生のヤク、チルー、アカゴーラル、ターキン、オグロヅル、ニジキジ、ウワバミ（ボア科もしくはニシキヘビ科のヘビ）等の 41 種がいる。国家二級重点保護動物には、アルガリ、バーラル、ジャコウジカ類、アカシカ、チベットセッケイ、チベットシロミミキジ、ジュズヒゲムシ科ジュズヒゲムシ属の昆虫メトジュズヒゲムシ（*Zorotypus medoensis*）等 84 種がいる。チベット自治区が追加した重点保護野生動物には、キツネ、インドガン、アカツクシガモ等 16 種がいる。その他に、「絶滅のおそれのある野生動植物の種の国際取引に関する条約（CITES、ワシントン条約）」附属書 I、II に記載されている動物種は 140 種余りある。高い経済的利益を生む多くの植物としては、木本植物 1700 種余り、薬用植物 1000 種余り、油脂・搾油用植物 100 種余り、芳香油・香料植物 180 種余り、工業原料植物（タンニン、樹脂、ゴム、繊維を含有する植物）300 種余りがある。代用食や飼料になったり、デンプンがとれたり野生の果実が採れたりする植物は 300 種余りある。緑化観賞用草花は 2000 種余りある。マツタケ（松茸）等の食用キノコは 415 種、マンネンタケ（霊芝）等の薬用キノコは 238 種である。抗癌作用のあることが知られているフウセンタケや冬虫夏草といった真菌類は 168 種ある。現在、300 種余りの植物が国家重点保護のリストおよびワシントン条約附属書に記載されている。現在でも 80% の野生動植物種が商業取引の対象とされていない状態にあり、主に限られた地域で商業取引の対象とされている植物には、材木用の植物以外に、経済価値が比較的高いその他の植物、たとえば冬虫夏草やイワベンケイ（紅景天）やマツタケ等の植物種があるが、それは植物種総数の 20% に満たない。

草原の放牧家畜群
チベットは、中国の 5 大放牧地域の 1 つに数えられる。数千年の昔から、すでに遊牧生産方式と現地の自然環境とが調和をもって融合しており、遊牧および循環式放牧が草原の生態バランスに好影響を与えることで、牧草地の植生は速やかに回復される。

Ⅱ．東チベットの高山・峡谷・森林・低木地域

自然地理

典型的な乾燥高温河谷地形
著名な横断山脈地域は、世界の地理学上の奇跡であり、河谷の底は海抜2000m余り、山頂は海抜5000m余り、谷の斜面の勾配は35°以上あり、高山と峡谷が交互に連なり、むき出しの岩石と山の中腹の原始林とが交差しちりばめられているさまは、この地域の最も典型的な地形上の特徴である。高山深谷の中は、基底部は乾燥高温で、山の中腹は湿潤で涼しく、山頂は万年雪である。

チベット自治区東部の高山・峡谷・森林・低木地域は、チベット自治区東部横断山脈地域に位置する。行政管轄地域としては、主にチベット自治区のチャムド（昌都）市1区10県全域と、ナクチュ（那曲）市東部のダチェン（巴青）県、ディル（比如）県、ソク（索）県の3県であり、総面積は約14万km^2余りに及ぶ。この地域は南北に延びる高山と深谷が東西に交互に並んでいる。山嶺の標高は、北から南に向かって次第に低くなっており、北部山嶺の海抜は5000m前後、南部は4000mほどまで下がる。谷は北から南に向かって急峻な下り勾配で、山嶺と河谷の高度差は1000～2500mに達する。河川の多くは構造線に沿って形成され、西北から東南に向かって流れている。北部河谷の谷底は海抜3600m、南部河谷の谷底は1800mであり、勾配が急峻で河の流れも速い。山が高く、谷が狭く、斜面が急であることが、横断山脈の最も典型的な地形上の特徴である。

5～10月、東南モンスーンおよび西南モンスーンの支配を受け、温暖湿潤な海洋気流が地形により阻まれて、現地はチベット高原でも降水量がやや多い地域となっており、年間降水量は400～900mmである。年平均気温は6～8℃、最高気温は32.7℃に、最低気温は-20.7℃に達する可能性がある。東部辺縁の風の当たる傾斜地や南部の雲貴高原に隣接する部分を除き、大小の河川はいずれも、河谷を吹き下ろす乾燥した高温のフェーン現象の影響を受けるが、熱量レベルは低く、蒸発量が降水量よりも大きく、相対湿度は50%程度である。斜面に沿って上っていくと、海抜の上昇にしたがって、気温は下がり、そのため、一定の海抜範囲内（3000～4200m）では、水分は凝結して雨水になり、あたりは湿潤かつ冷涼となり、相対湿度は70%程度で、山岳亜寒帯針葉樹林（タイガ）の発育に良好な生態条件を提供している。さらに標高の高い（4200m以上）地域では、寒冷かつ湿

怒江山地の曲がりくねった山道

これは、有名な川蔵公路（四川－西蔵自動車道路）であり、山麓海抜 2000m 前後の怒江（ギャモンギュ・チュ；サルウィン川）河畔から、十数回湾曲しながら、海抜約 5000m 前後の峠まで登ると、下山後には、鼓膜が、まるで飛行機が着陸するときのような感覚になる。

潤になり、このあたりには亜高山および高山の低木や湿草地が形成されている。近年、中国国内外の科学者は、横断山脈地域は全世界の動植物分化の中心の 1 つであると考えている。世界の多くの動植物のプロトタイプがここにはなお完全に保存されているのである。気候の垂直分布は、この地域においては非常にはっきりと区別できる。「1 つの山に四季が現れる」そして「山頂は寒冷、中腹は温暖、谷間は乾燥高温」という特徴がみられるのである。

土壌の垂直変化も非常にはっきりとしている。3000 ~ 3600m 以下の乾燥高温な河谷には、地層が比較的薄く、礫が多く、pH 値（酸性度 / アルカリ性度）が中性ないしアルカリ性の褐色土が形成されており、亜寒帯針葉樹林分布地域においては、土壌は主に褐色森林土であり、森林限界以上においては、高山低木湿草地土あるいは高山湿草地土が形成されている。

高山湿草地の低木地帯

チベット自治区東南部の、森林地帯が高山地帯へと移行していく特殊な植生帯である。小葉型のツツジ属植物や、地をはう形状のイブキ（円柏 *Sabina chinensis*）や、メギ科メギ属植物の一種サンカシン（三顆針 *Berberis anhweiensis*）等の低木から構成される。秋に木の葉の色が変わると、色とりどりの色彩に溢れ壮観である。また、多くの名前の伝わっていない小草もあり、小さな花がとりどり競い合うように咲き乱れ、青々とした草地にちりばめられる。高山湿草地低木地帯は、優良な高山牧草地であり、貴重な薬品材料である冬虫夏草やバイモ（貝母）が成長する最良の環境でもある。

散在するイブキ（円柏 *Sabina chinensis*）の低木
横断山脈地域森林分布の上限ライン上に成長する。イブキの木は、低海抜区の高木状から、すでに地面にはうまでに低木化しており、成長は非常に緩慢である。これらイブキの低木は、高山地帯における水と土の保持に重要な作用を有する、天然林保護に重要な森林帯を形成している。

トウヒ（リキアントウヒの変種；川西雲杉 *Picea likiangensis* var. *balfouriana*）の林
横断山脈地域に広く分布し、半乾燥気候条件にある暗針葉樹林群落に属し、森林植生の多くは斑模様に分布している。このトウヒ属植物は、高さ平均24～26mに達し、樹齢200年に達することもある。天然林の保護と森林植生回復のための重要な樹木種である。植物分類学において、トウヒ属植物は、種子が熟した後にむき出しとなり子房内に包まれることがないので、裸子植物と呼ばれる。比較的古い種の1つである。

雪山の下に広がる森林

横断山脈地域は、特殊な地理と気候の影響を受け、山間部の植生帯の分布パターンは、谷底が乾燥高温沙漠草原植生帯をなし、水を供給しさえすれば農作物が勢いよく成長するが、山の中腹では気候は涼しく、降水量も多くなり、森林植生をなすというものである。ここでは、通常の高山森林植生垂直帯優勢樹木種の分布パターンと逆転しており、モミ林帯が下に、トウヒ林帯が上に分布しているのである。森林帯の上は、低木湿草地であり、生産性の高い高山牧草地をなし、湿草地帯の上は雪山である。

メコン川（ザ・チュ；瀾滄江）河谷

亜熱帯緯度地理区に位置する。河谷は、暑さが厳しく、土はオレンジ色で、山は高く傾斜も険しいため、水と土の流出が深刻で、河水はほとんど年中濁っている。したがって、天然林の保護がとりわけ重要な地域であることは明白である。

切り立つ岩石層

ヒマラヤ山脈の隆起と大陸プレートの動きに押し出されて、地殻深くに隠れていた岩石層に褶曲が生じ、平らに横たわっていた岩石層が向きを変え立ち上がっている。地球の地殻の動態および横断山脈の形成にかかわる研究に得難い情報を提供している。

植物

ヒマラヤハッカクレン（桃児七 *Sinopodophyllum hexandrum*）

メギ科（*Berberidacae*）ヒマラヤハッカクレン属（*Sinopodophyllum*）の草本植物。チベット東部・南部の森林地域に分布し、海抜2700 ~ 4300mの山の斜面の低木や森林の下に生える。花びらはピンク色で、蕾はカニステル（仙桃 *Lucuma nervosa*）に似ている。古くからの種に属し、植物学者の研究上重要な種であり、国家二級重点保護植物に指定されている。

この地域には、高等植物が約3000種ある。植生にはあきらかな自然垂直帯変化があり、森林の多くは斑状の分布をみせる。標高が高く傾斜が急なので、人類による経済活動の影響が比較的少なく、原生林の景観が手つかずのまま保存されている。地域内の植生の垂直分布は、低地から高地に向かって、海抜2600 ~ 3400mが山岳乾生落葉広葉樹林低木帯、海抜3400 ~ 3800mが山岳針広混交林帯、海抜3800 ~ 4600mが亜高山針葉樹・高山コナラ属低木林帯、海抜4600 ~ 4900mが高山低木湿草地帯、海抜4800m以上がコンジェリフラクション帯（植物がまばらな高山礫洲帯）である。

稀少絶滅危惧植物に、冬虫夏草、マツタケ、ナス科植物の一種アニソドゥス・タングティクス（山莨菪 *Anisodus tanguticus*）、オミナエシ科カンショウコウ属植物の一種カンショウ（甘松 *Nardostachys chinensis*）、ゴマノハグサ科植物の一種ピクロリザ・スクロプラリイフローラ（胡黄蓮 *Picrorhiza scrophulariiflora*）、シャクヤク（芍薬 *Paeonia lactiflora*）、バイモ（貝母 *Fritillaria* sp.）、サボテン科オプンティア属植物の一種オプンティア・モナカンタ（西南仙人掌 *Opuntia monacantha*）、メギ科植物の一種ヒマラヤハッカクレン（桃児七 *Sinopodophyllum hexandrum*）、トウダイグサ科トウダイグサ属植物（高山大戟 *Euphorbia stracheyi* や龍果大戟）、ラン科アツモリソウ属植物の一種キュプリペディウム・ワルディ（寛口杓蘭 *Cypripedium wardii*）、ラン科オルキス属植物の一種オルキス・ラティフォリア（寛葉紅門蘭 *Orchis latifolia*）、ラン科アオチドリ属植物の一種アオチドリ（凹舌蘭 *Coeloglossum viride*）、ラン科ムカゴソウ属植物の一種クシロチドリ（角盤蘭 *Herminium monorchis*）、ヒノキ科コノテガシワ属植物の一種コノテガシワ（側柏 *Platycladus orientalis*）、ヒノキ科ビャクシン属植物の一種イブキ（円柏 *Sabina chinensis*）、マツ科モミ属植物の一種アビエス・エルネスティ（黄果冷杉 *Abies ernestii*）、マツ科トウヒ属植物の一種サージャントトウヒ（油麦吊雲杉 *Picea brachytyla*）、マツ科トウヒ属植物の一種リキアントウヒ（麗江雲杉）の変種（川西雲杉 *Picea likiangensis* var. *balfouriana*）、マツ科トガサワラ属シナトガサワラ種の変種メコント

マツタケ
（松茸 *Tricholoma matsutake*）
キシメジ科（*Tricholomataceae*）に属する担子菌類。チベット自治区のロダク（洛扎）、ポメ（波密）、メンリン（米林）、ニンティ（林芝）、ザユ（察隅）、コンポギャムダ（工布江達）、マルカム（芒康）等の地域に自然分布。人工培養はいまだ成功を見ず、中国国内その他の生育地域ではすでに収穫量の減少が確認されているが、チベットに限ればなおマツタケの潜在資源量は豊富である。

シャクヤクの一種セキシャク
（川赤芍薬 *Paeonia veitchii*）
キンポウゲ科（*Ranunculaceae*；もしくはボタン科 *Paeoniaceae*）ボタン属（*Paeonia*）の草本植物。マルカム（芒康）、ゴンジョ（貢覚）、ジョムダ（江達）一帯に自然分布。花の色はあでやかで美しく、根茎は中国やチベットの伝統医学の重要な薬材であり、鎮痙攣、鎮痛、通経の作用がある。

ムカゴトラノオ（珠芽蓼 *Polygonum viviparum*）

タデ科（*Polygonaceae*）タデ属（*Polygonum*）の草本植物。横断山脈とヒマラヤ山脈の海抜3000 ～ 5000mの湿草地に広く成長。冬虫夏草の成長域と一致する。研究によれば、ムカゴトラノオは、コウモリガ科の蛾であるヘピアルス・アルモリカヌス・オベルトゥル（虫草蝙蝠蛾 *Hepialus armoricanus Oberthur*）の重要な食物であると考えられている。

ガサワラ（瀾滄黄杉 *Pseudotsuga forrestii*）、野生リンゴ（野生苹果）、バラ科リンゴ属植物の一種マルス・トリンゴイデス（変葉海棠 *Malus toringoides*）、モクレン科アルキマンドラ属（またはモクレン属）植物の一種アルキマンドラ・カトカルティ（長蕊木蘭 *Alcimandra cathcartii*）等がある。

ピプタントゥス・ネパレンシス
（黄花木 *Piptanthus nepalensis*）
マメ科（*Leguminosae*）ピプタントゥス属（*Piptanthus*）の草本植物。海抜2300 ~ 4000m の林の下または低木の茂みの中に分布。生態型による変化が比較的大きく、高温多湿な地域では高さ1m 余りに達し、海抜が高く乾燥寒冷な地域では、高さわずか数 cm しかない。種子にダイオウのエキスを含有し、中国やチベットの伝統医薬の材料となる。

オプンティア・モナカンタ
（西南仙人掌 *Opuntia monacantha*）
サボテン科に属する草本植物。ワシントン条約が任意取引を厳禁する種として附属書 II に記載されているが、チベットには広く分布している。亜熱帯の横断山脈地域各県およびヒマラヤ山脈南麓のザユ（察隅）、メト（墨脱 ペマ・コ）、キドン（吉隆）等海抜 2200m 以下の地域に自然分布している。背丈が 3m 以上に達することもあるが、地域によっては、地面をはうように成長するところもあり、生態型のばらつきは大きい。

野生リンゴ（野生苹果；リンゴ属 *Malus* の一種）
バラ科の野生リンゴの一種マルス・バッカタ（山丁子 *Malus baccata*）に類するリンゴ属の木本植物。横断山脈地域海抜 3200 m 以下の乾燥高温の河谷に分布。その純粋な野生種という性質は優れたリンゴ種を育成した原種ということから、現代のリンゴ市場に出回る多くのリンゴ品種の祖先として、重要な種の遺伝子上の価値を有する。

野生ザクロ（野生石榴 *Punica granatum*）
ザクロ科（*Punicaceae*；もしくはミソハギ科 *Lythraceae*）野生ザクロ属（*Punica*）の木本植物。保護植物にはまだ登録されていないが、その野生種は、遺伝子上の価値および植物学研究上の価値が高い。チベットにおいては、横断山脈の乾燥高温河谷地域にのみ分布している。その果実にはビタミンCが豊富に含まれ、味わいはすっきりしていておいしい。人工栽培に適している。

チベットカショウ
（西蔵花椒 *Zanthoxylum tibetanum*）
ミカン科（*Rutaceae*）サンショウ属（*Zanthoxylum*）の木本植物。チベットには９種あり、芳香植物である。チベット東部の乾燥高温河谷地帯およびヒマラヤ山脈東南麓に分布。高原では日照が十分で、昼夜の温度差が大きい等の特殊な成長条件があるため、その影響で粒が大きく、香味も強く濃厚である。

◀ロドデンドロン・ニウァレ
（雪層杜鵑 *Rhododendron nivale*）
ツツジ科（*Ericaceae*）ツツジ属（*Rhododendron*）の木本植物。海抜3200～5500mのチベット東南部高山地帯に広く分布。芳香植物や庭園観賞用草花の元となる重要な種である。

カエノメレス・ティベティカ（西蔵木瓜 *Chaenomeles tibetica*）
バラ科、ボケ属の木本植物。チベットの亜熱帯および暖温帯多雨林地域、海抜 3700 m 以下の山の斜面、林の下、谷間または低木の茂みの中に自生。熟した実の色は赤みがかった明るい黄色で、花は色鮮やかで美しい。葉が出る前に花が咲く庭園観賞用草花の逸品である。その果実は、中国やチベットの伝統医薬の重要な材料である。

リキアントウヒの変種
（川西雲杉 *Picea likiangensis* var. *balfouriana*）
マツ科トウヒ属の木本植物。横断山脈地域に広範に分布。東チベット地域の重要かつ優良な樹木種であり、天然林植生群落の優占種である。樹木は、成長が速く、乾燥と寒さに強い陽性植物であるという生物学的特性を有する。その木材は良質で、かつてはチベット地域の重要な用材木種であった。

チベットのクルミ（西蔵核桃 *Juglans* sp.）
クルミ科クルミ属の木本植物。チベットには2種類自生する。チベット東部・南部の海抜3300m以下の森林地帯に自然分布している。チベットで栽培されているものは10品種余りある。皮が「紙」のように薄い品種は「紙皮核桃」とよばれ、指でつまめば簡単に剥ける。大きくて中身が詰まっていて生産量が多い品種もある。クルミが含有する優良な食用油は、58 ~ 75% に達する。千年以上の古いクルミの木も珍しくはない。多くの植物学者が、チベット・ヒマラヤ地域はクルミという種の発祥地であるかもしれないと述べている。

レッサーパンダ（小熊猫 *Ailurus fulgens*）

中国語別名：金狗、九節狼

チベット東南部の森林地帯に分布し、海抜 1000 ~ 3800m を生息地とする。温暖で涼しい環境を好む。朝晩食物を探しに出かけ、昼間はたいがい穴の中か大樹の下で寝ている。常に 2 ~ 3 匹あるいは 4 ~ 5 匹で群れをなして活動する。よじ登るのが得意でしばしば高所の細い枝まで登って休息したり天敵から逃れたりする。性格は素直でおとなしく、聴覚と視覚はやや鈍く、あまり人を恐れない。レッサーパンダは、ヒマラヤ山系や横断山脈の特産動物であり、アジアでは、レッサーパンダ属の種はレッサーパンダのみである。現在、国家およびチベット自治区の一級重点保護動物に指定されている。

動 物

この地域の動物分布区分は、大部分が、旧北区（Palearctic realm）——青海チベット区——青海チベット南亜区——東チベット山地小区に属し、南部辺縁地帯のほんの一部に東洋区（Indomalayan/oriental realm）に属する地域がある。貴重な絶滅危惧種の代表的な動物としては、クチジロジカ、アカシカ（川西亜種 *Cervus elaphus macneilli*）、コビトジャコウジカ、レッサーパンダ、ヒョウ、ウマグマ（ヒグマ亜種）、バーラル、コビトバーラル、キジシャコ、チベットシロミミキジ、カラニジキジ、ベニキジ、チベットサンショウウオが挙げられる。南部辺縁地帯には、さらに、ウンナンシシバナザル、サンバー（スイロク）、キジ科キンケイ属の鳥類等がいる。この地域に生息するキジ科の鳥類は 10 種に達し、中国でキジ類の種類が最も豊富な地域の 1 つでもある。毎年、春と秋には、オグロヅルやクロヅル等の渡り鳥がこの地域を経由し休憩する。現在、この地域には、すでに 2 か所に自然保護区が建設されている。すなわち、リウォチェ（類烏齊）・タモリン（長毛岭）自然保護区（1332.6 km^2）およびホン・ラ（ホン峠；紅拉山）ウンナンシシバナザル（滇金糸猴）自然保護区（1853 km^2）であり、総面積は 3185.6 km^2 に達している。

ヒョウ（豹 *Panthera pardus*）
中国語別名：金銭豹、文豹
ポメ（波密）、ペンバル（辺壩）、ロロン（洛隆）、チャムド（昌都）、ジョムダ（江達）、マルカム（芒康）、ザユ（察隅）、ダム（樟木）、キドン（吉隆）等の地に分布。常に海抜 3600 m 以下の亜熱帯森林山地に生活し、昼は隠れ、夜に活動する。性格は凶悪獰猛である。木登りが得意で、よく木の上に潜み、通り過ぎる動物を襲う。冬と春に交配し、約 100 日の妊娠期間を経て 3 ～ 8 月に毎季 2 ～ 4 頭出産する。1980 年以降、ヒョウの数はすでに非常に稀少化しており、現在、国家およびチベット自治区の一級重点保護動物に指定されている。

アカゲザル（猕猴 *Macaca mulatta*）

中国語別名：恒河猴、黄猴

チベット東部・南部の森林地帯に広範に分布し、生息地の海抜は 2000 ～ 4300 m である。一般に、広葉樹林帯や針広混交林帯に多く出没する。群れをなして活動することを好み、主に野生の果実と植物の種子を食料とする。現在、国家およびチベット自治区の二級重点保護動物に指定されている。

スマトラカモシカ
（鬣羚 *Capricornis sumatraensis*）

中国語別名：蘇門羚、四不像、山驢子

チャムド（昌都）、ニンティ（林芝）、ロカ（山南）市等の地域に分布し、生息地の海抜は 4200 m 以下である。常に亜熱帯山地や暖温帯地域の森林で活動し、垂直活動範囲は比較的広い。典型的な山林生息動物である。生息地は比較的固定され、単独で活動することが多い。警戒心が強く、行動は敏捷である。昼間は休み、朝夕に林の辺縁や荒れ地で食物を探す。主たる食物は低木の枝葉と若芽と草本植物である。冬に交配し、夏に１匹出産する。現在、国家およびチベット自治区の二級重点保護動物に指定されている。

チベットシロミミキジ（蔵馬鶏 *Crossoptilon crossoptilon*）

中国語別名：白馬鶏

チャムド（昌都）市全域およびナクチュ（那曲）市の、たとえば、ソク（索）県、ラリ（嘉黎）県、ダチェン（巴青）県等の地域に分布。海抜 3000 m 以上の山岳針葉樹広葉樹林あるいは森林限界以上の低木地帯に生息し、夜は樹上で過ごす。年間のおよそ 2/3 の期間は群れをなして生活する。毎年 4 月末に交尾を開始し、各巣に 6 ～ 8 個の卵を産む。現在、国家およびチベット自治区の二級重点保護動物に指定されている。

ベニキジ（血雉 *Ithaginis cruentus*）
中国語別名：血鶏
チベット東南部および南部各地に分布し、海抜 1700 ～ 4500 m の針広混交林および低木地帯に生息する。昼間は常にチベットシロミミキジとともに山の斜面の草地で食物を探す。多くの種類の青草と種子そして小型昆虫を主食とする。5 月に交配産卵期に入り、各巣に 5 ～ 7 個の卵を産む。現在、国家およびチベット自治区の二級重点保護動物に指定されている。

イヌワシ（金雕 *Aquila chrysaetos*）
中国語別名：潔白、金頭
東南部の山地やヒマラヤ山脈地域に分布し、海抜 2000 ～ 5000 m の高山草原や森林地帯に生息する。単独行動を好み獰猛な性格である。飛行速度は非常に速い。一般に、毎年 2 ～ 3 月に巣作りし繁殖する。雌雄の親鳥が共同で孵化と子育てに携わる。イヌワシは、個体数が稀少な猛禽種であり、国家およびチベット自治区の一級重点保護動物に指定されている。

コビトジャコウジカ
（林麝 *Moschus berezorskii*）
中国語別名：獐子、香獐、林獐
チャムド（昌都）市およびナクチュ（那曲）市東部各県に分布し、生息地の海抜は 1600 ～ 3900 m である。常に広葉樹林や針広混交林や針葉樹林で活動し、一般に単独で朝夕食物を探す。主食は植物の若く柔らかい枝葉であり、サルオガセ類の地衣類（松蘿）が好物である。襲撃されると、傾斜した木につかまってよじ登ったり木を傾けて倒したりする特性がある。およそ 2 才で十分に成長し､妊娠期は約 6 か月で、だいたい 5 ～ 6 月に 1 ～ 2 頭出産する。現在、個体数はヤマジャコウジカ（馬麝 *Moschus chrysogaster*）よりも少なく、国家およびチベット自治区の一級重点保護動物に指定されている。

オオタカ（蒼鷹 *Accipiter gentilis*）
中国語別名：黄鷹
主にチベット東部、南部、中部地域に分布し、常に各種の森林の中に生息し、たまに大きな岩の上に立つ姿が見られる。ふだんは単独で活動することが多く、飛行速度は速く、性格は獰猛で、視覚は鋭く、いろいろな有害齧歯類動物を主食とするので、林業生産には一定のメリットがある。また、小鳥や鳥類以外の病気で弱っていたり障害をもっていたりする中型動物を捕食するので、他の動物の個体群の更新に寄与する。毎年4～5月に繁殖し、各巣に2～4個の卵を産み、7月末には雛鳥の活動が見られる。現在、国家およびチベット自治区の二級重点保護動物に指定されている。

▶ナベコウ（黒鸛 *Ciconia nigra*）
中国語別名：烏鸛、鍋鸛、黒鶴
チベットにおけるナベコウの分布は1989年に最初に確認された。現在の記録では、マルカム（芒康）県にのみ見られる。ナベコウは、大型の渉禽類であり、常に単独あるいは小さな群れをなして川辺や農地や沼沢地帯に生息する。警戒心が強い性格で、ちょっとでも危険を感じると空高く飛んで逃げる。空中を旋回するときの口と足が一直線となった姿はとても可憐である。各種の小魚を主食とする。毎年4～6月に産卵繁殖し、各巣に3～5個の卵を産み、雌雄親鳥が共同で子育てに携わる。ナベコウは、中国の稀少禽類であり、現在、国家およびチベット自治区の二級重点保護動物に指定されている。

コウライキジ（雉鶏 *Phasianus colchicus*）
中国語別名：環頸雉、野鶏

主に東南部のマルカム（芒康）、ジョムダ（江達）、ザユ（察隅）、ポメ（波密）等の地域に分布し、海抜2500～3800mの田畑の縁の低木の茂みの中に生息する。その脚は強健で走るのが得意である。毎年6～7月に繁殖し、各巣に4～8個の卵を産む。現在、国家およびチベット自治区の二級重点保護動物に指定されている。

キジジャコ（雉鶉 *Tetraophasis obscurus*）
中国語別名：貝母鶏
ポメ（波密）、ザユ（察隅）、マルカム（芒康）、ロロン（洛隆）、リウォチェ（類烏齊）、ジョムダ（江達）、チャムド（昌都）、ダクヤプ（察雅）等の地域に分布し、海抜4000m前後の林や低木または岩の多い地域に生息する。警戒心が強く、走ったり隠れたりするのを得意とし、常に数羽が群れをなして活動している。毎年5～6月に産卵繁殖し、各巣に5～9個の卵を産む。中国固有の珍しい禽類であり、分布地域は狭く、個体数は少ない。現在、国家およびチベット自治区の一級重点保護動物に指定されている。

ヒゲワシ

▶ヒゲワシ（胡兀鷲 *Gypaetus barbatus*）
中国語別名：大胡子鵰、髭兀鷲
広くチベット自治区内各地に分布し、海抜2000～5300mの高山に生息する。常に群れをなして活動し、飛行能力が高く、その双翼の羽ばたきにともない、笛のような音を出す。空中で10時間もの長い時間、旋回を続けることができ、飛行高度は海抜8000mを越えることもある。人跡未踏の断崖絶壁の上に巣をつくる。毎年2月に繁殖期を迎え、各巣に2個の卵を産む。ヒゲワシは、各種動物の死骸を主食とし、大自然の「掃除係」と呼ばれ称賛されている。現在、国家およびチベット自治区の一級重点保護動物に指定されている。

Ⅲ．ヒマラヤ山脈東南山麓の高山・峡谷・多雨林地域

自然地理

氷河と氷洞
地球の絶えざる温暖化にしたがって、チベット高原の古い氷河が融け始め、さまざまな景観を作り出している。この種の氷洞は一般に海抜5500m以上で見られる。大量の氷河が融けて、チベット高原の河川、湖、沼沢等の湿地を途切れることなく潤し、チベットの大地の自然環境の調和を保っている。

チベット高原の南側に位置する。ヒマラヤ山脈は東西に延びるアーチ状の山系であり、世界で最も新しい褶曲（しゅうきょく）形成された山脈である。多くの平行する山脈からなり、南から北に向かって、シワリク山、小ヒマラヤ山、大ヒマラヤ山に分かれる。行政管轄区域としては、東から西に向かって、主に、チベット自治区ニンティ（林芝）市1区6県の全域、ナクチュ（那曲）市ラリ（嘉黎）県（の一部）の森林地帯、ロカ（山南）市のロダク（洛扎）、ツォナ（錯那）、ルンツェ（隆子）の3県の森林地帯、シガツェ（日喀則）市のドモ（亜東）、ニャラム（聶拉木）、キドン（吉隆）、ディンキェ（定結）、ティンリ（定日）の5県、ンガリ（阿里）地区のランチェン・ツァンポ（朗欽蔵布；別名：象泉河）下流のツァンダ（札達）県ディヤ（底雅）郷、センゲ・ツァンポ（森格蔵布；別名：獅泉河）下流のガル（噶爾）県タシ（扎西）郷である。総面積は約23万km^2に及ぶ。

ヒマラヤ山脈には、多くの非常にスケールの大きな現成氷河が形成されており、雪線以上数kmの範囲内には、相対高度が40～50mに達することもあるセラック（氷塔）群が広範囲に林立し、その間には、奥深くひっそりとした氷洞や、氷の表面を蛇行する渓流があり、その奇観は、溶岩地帯の秀麗な巨石群をはるかにしのぐ。

ヒマラヤ山脈の南の斜面は高く険しく、北の斜面は比較的ゆるやかである。南の斜面は、ガンジス川（ガンガー）やインダス川流域平原よりも6000～7000m以上高く、巨大な天然の障壁を形作っているため、インド洋から吹きつける温暖湿潤な気流を遮り、大量の雨を降らせる。

中国域内の最も特徴的な地形と気候と植生と動物種は、ヒマラヤ山脈東部の南北両翼およびヒマラヤ山脈中央部の南翼にある。ヒマラヤ山脈東部の北翼には、ポメ（波密）県、ラリ（嘉黎）県、ダクイプ（巴

ヒマラヤ山脈

世界で最も高い山脈であり、最も新しい山脈でもある。その姿は雄大壮麗で、東西に延々と 3000km 余りも続いている。8000 万年前にヒマラヤ山脈の造山運動が始まると、1200 万年前には山脈の平均海抜は 3000m に達し、その後数百万年間で、急速に高度を上昇させて、平均海抜 5000m 余りの現在の巨大山脈となり、インド亜大陸の北部に横たわっている。その存在によって、中央アジア地域全体の自然環境および生物多様性が変わってきた。

ヤルン・ツァンポ（雅魯蔵布［江］）の大屈曲部

ヒマラヤ山脈北斜面の海抜約6000m チベットのチェマユンドゥン（傑馬央宗）氷河に源を発するヤルン・ツァンポは、西から東に向かって流れる全長2840km、中国国内部分が2057km、流域面積24万km^2、流域地域の平均海抜4500mの、世界で最も海抜の高い大河である。水源地から多くの小川や大河が集まり始め、東チベット東南のナムチャバルワ山地域に達すると北に向かって曲がり、すぐにまた北から南に向かうと、ヒマラヤ山脈東端を迂回してヒンドゥスタン平原へと流れていく。世界的に有名な「ヤルン・ツァンポ大峡谷」を形成するこの大屈曲部は、全長260km余り、深さは5000mに達し、1990年代には、国内外の科学者たちが共同で世界最大最深の峡谷と認定した。

▶ヤルン・ツァンポ（雅魯蔵布）大峡谷の入口
2000km 余りをすさまじい勢いで流れるヤルン・ツァンポ（雅魯蔵布［江］）は、チベット東南部のメンリン（米林）県ペ（派）郷一帯にたどり着くと、疲れたかのようにここで一服してから再び流れの急なヤルン・ツァンポ大峡谷に入る。ここでは、ヤルン・ツァンポの川面は幅 300m 余りに達し、水面は緑に映えおだやかで、川岸には原始林が茂る。野生の桃の花がナムチャバルワ雪山とともに照り映える情景は詩的で絵のように美しい。

川岸の奇岩
ヤルン・ツァンポ（雅魯蔵布［江］）はヒマラヤ山脈を穿ち分けるように流れている。川の水が、基盤岩を浸食しながら、年々、休むことなく逆巻き、基盤岩の多様な形態の奇岩怪石が林立するヤルン・ツァンポ両岸の光景を形作った。

宜）区、コンポギャムダ（工布江達）県、メンリン（米林）県、ナン（朗）県などが含まれる。ヤルン・ツァンポ（雅魯蔵布［江］）は、この地域の西南部を流れ、その著名な支流であるパルン・ツァンポ（帕隆蔵布［江］）やイドン・ツァンポ（易貢蔵布［江］）やニャン・チュ（尼洋河）といった河川は皆この地域を通っている。地形上、高原の表面は複雑に切り刻まれており、山は高く、谷は深く、現成氷河が形成され、土石流が比較的頻繁に見られる。ヒマラヤ山脈東部の南翼は、ザユ（察隅）、メト（墨脱 ペマ･コ）、タワング（達旺）以南のヤルン・ツァンポ下流域を含み、ヒマラヤ山脈中央部の南翼は、ドモ（亜東）、ンデンタン（陳塘）、ダム（樟木）、キドン（吉隆）等の地域の森林区域を含む。域内は高山深谷が多く、山の峰は東から西に向かって徐々に高度を増し、海抜はなべて 5000 ～ 6000m 以上あり、山の地勢は高く険しく、河川は深く切れ込み、勾配は急に険しくなる。各垂直帯の主要な植生類型が交錯し、熱帯、亜熱帯から温帯に至る種の結合や混成といった現象がすべて存在している。高く大きな山の影響で、気候や植生には、非常に顕著な垂直変化が表れている。暑さが厳しく、降水量は豊富で、最も暖かい月は平均気温が 25℃以上になり、最も寒い月でも 13℃以上あり、年平均降水量は 1000mm 以上である。

ザユ（察隅）保護区の谷

ザユは、チベット東南の角に位置し、高山地帯亜熱帯気候に属する。「四季折々の花が咲き、毎年実を結ぶ」植物を育み、南北を往来する動物がいる。原始林がうっそうと生い茂り、多くの禽類や獣類が行き交う。ザユ山地は横断山脈とヒマラヤ山脈とをつなぐ中間地帯に位置し、ザユ川は中国国境を出てインド東部に入った後、ヤルン・ツァンポ（雅魯蔵布［江］）の下流ブラマプトラ川に合流する。

亜熱帯常緑広葉樹林

チベット地域における8つの重要な森林植生類型のうちの1つに属する森林群落である。東南部の海抜1000（1100）～2600（2800）mの間に分布し、主にヒマラヤ山脈南麓地域にある。生物多様性は熱帯雨林に次ぐ豊かさを誇る。群落内で優勢な樹種は、主に、クスノキ科・モクレン科・ブナ科・マンサク科・ツバキ科等の円筒形に直立する大樹や、ブドウ科・ウコギ科の数種類の大型木本蔓植物からなる。森林では、クスノキ、ニッケイ、モクセイ、ゲッケイジュ等の香木類、シイ、クスノキ科タイワンイヌグス（*Phoebe*）属植物類、チャンチン（*Toona* sp.）等、珍しい木材を豊富に産出し、その他の森林群落とは比べようもないほどだ。森林には、アカゲザル、アジアゴールデンキャット（金猫 *Catopuma temminckii*）、スマトラカモシカ（鬣羚 *Capricornis sumatraensis*）、ターキン、ツキノワグマ（黒熊）、イノシシ等の野生動物が比較的多い。チベットのトラも主にここで活動している。

メト（墨脱 ペマ・コ）のヤルン・ツァンポ（雅魯蔵布［江］）河畔の雨林

ヤルン・ツァンポ大峡谷の南部からは、風光明媚な熱帯雨林地域に入り、ヤルン・ツァンポ両岸の熱帯雨林は草木がうっそうと茂り、岸辺には、オトギリソウ科またはフクギ科植物の一種トウオウ（藤黄 *Garcinia hanburyi*）、ホルトノキ科ハリミコバンモチ属植物の一種スロアネア・シネンシス（猴喜歓 *Sloanea sinensis*）、シクンシ科モモタマナ属植物の一種テルミナリア・ミュリオカルパ（千果欖仁 *Terminalia myriocarpa*）、フウ科アルティンギア属植物の一種アルティンギア・キネンシス（阿丁楓 *Altingia chinensis*）等背の高い熱帯の珍しい樹木があり、大樹には、クワ科、サトイモ科、マメ科、ブドウ科、ヤシ科等の太く大きな蔓植物が川面に垂れさがっている。

ポメ（波密）雪山のふもとの森林

山岳温帯・暖温帯針葉樹林植生類型に属する。海抜は2700 ～ 4200mの間、チベット原生林の中心地帯にある。豊富な降雨量と恵まれた植物生育環境が、世界でもまれな生物多産型の森林を育てている。雪山の下、山麓洪積扇状地に生えるトウヒ林群落は、平均高度60m以上、樹木によっては高さ80m、胸高直径2m以上に達するものもある。幹は高くそびえ、枝葉は青々と茂り、心腐病の発現はみられず、世界の同属植物内でもきわめてまれである。それゆえ、1980年代初頭、政府によって、ポメ（波密）ガン（崗）郷一帯は、天然トウヒ林自然保護区に指定された。

温帯針葉樹林

チベット全域の 8 つの森林植生類型中の 3 つの類型、43 の樹木群落のうち 37 群落を含む温帯針葉樹林は、チベット森林面積の約 70% を占める。トウヒ林、モミ林、マツ林、トウカラマツ林等を含む森林群落は、チベット地域の主要な材木樹木種および天然林保護対象主要原始林である。群落内の生物多様性は、亜熱帯常緑広葉樹林ほど豊かではないものの、多くの固有の動植物種は、その他の植生類型とは比較できない固有性を有している。この森林類型には、夏季の野生動物種が比較的多く、珍しい貴重な植物および重要な中国医薬、チベット医薬の材料もある。温帯針葉樹林は、ほとんどチベットのすべての森林地帯に分布するとともに、最も森林火災の発生しやすい植生類型でもある。

高山低木帯

森林植生の重要な類型であり、垂直帯分布における高山低木帯は、森林と高山湿草地の中間類型である。一般に海抜 4200（4400）～ 4400（4600）m の間にあって、この種の植生帯の生物多様性は比較的単純である。夏と秋には多くの森林内の動物と湿草地の動物が、しばしばこの一帯を仮の住処とする。主要な動物としては、ジャコウジカ、シカ、ミミキジ等がおり、生息個体数の密度が比較的高い。冬には大雪が降り積もって、大地は全体として生物の気配がなく、まれに少数のチベットセッケイが活動することもあるが、大部分の動物は、海抜のやや低い森林内に移動する。低木種は、ツツジ属植物が中心で、ヤナギ科ヤナギ属植物の一種サリクス・プセウドタンギ（山柳 *Salix pseudotangi*）、ヒノキ科ビャクシン属植物の一種イブキ（円柏 *Sabina chinensis*）、メギ科メギ属植物の一種サンカシン（三顆針 *Berberis anhweiensis*）等の木本植物もある。

ヤルン・ツァンポ（雅魯蔵布［江］）大瀑布

ヤルン・ツァンポ大峡谷の奥深くに隠れており、学者たちはここをチベット東南原始林帯の「人跡未踏地域」と呼び、1990年代になってようやく国内外の研究者たちに正式に発見された。ヤルン・ツァンポ大瀑布を見るためには、十数日歩き、懸崖を登り、密林をくぐり抜け、道を切り拓き、橋を架け、土石流を突っ切り、落石地帯を駆け抜けなければならず、ときには、ヒル・毒虫・毒草・瘴気の襲撃もある。ヤルン・ツァンポ大瀑布は幅が40m余り、高さが30m余りあり、巨大な水流が勢いよく打ちつける音が耳をつんざくばかりに響き、流れ落ちる川の水は水泡に転じ真っ白になり、巨大な樹木は渦巻く水との度重なる激突に耐えきれず、木っ端微塵に木屑と化す。

ピヌス・デンサタ（高山松 *Pinus densata*）

チベット高山地域に固有のマツ科マツ属木本植物の一種。東ヒマラヤおよび横断山脈地域の海抜1600～3600mの高山の南斜面に分布。日照りに強く、痩せた土地でもよく育ち、多くの実を結び、種子の発芽力も強く、日あたりがよければ森林の自然再生も良好で、「種が舞い森林をなす」と評価され、森林の回復にはうってつけの優良速成樹木種であり、20世紀には、材木を採るための森林として、チベットでは重要な樹木種でもあった。

熱帯湖――プチュン（布裙）湖

チベットには多くの湖があり、その多くは、高原沙漠地域の湖であって、熱帯地域の湖はきわめて少ない。プチュン湖は、めったにみられない熱帯雨林地域の「ミニサイズ」の湖であり、面積は約1km^2に過ぎない。高山の土石流が発生した折に堰き止められて形成された。湖面は小さいが、生物は非常に多様である。湖畔には多くの熱帯のマメ科フジ属植物（藤蘿 *Wisteria villosa*）が水中につり下がり、四季を通じて猿や鳥の鳴き声が響き、花と果物が山を彩り溢れている。湖の周りの山の斜面には、熱帯の貴重な樹木およびかつては台湾や広西チワン族自治区やシーサパンナ・タイ族自治州にしか生えていないと考えられていたタコノキ科タコノキ属の木（露兜樹 *Pandanus tectorius*）等の熱帯植物および亜熱帯植物が珍しくない。湖水の中には、高山魚類が群れをなして遊泳し、カモの群れもいる。湖畔の湿地内には、両生類動物が多い。雨林には、サル類、クマ類、キョン、イノシシ、スマトラカモシカ、そしてネコ科動物がよく出没する。ナナミゾサイチョウが群れをなして湖の周りを旋回している。

針広混交林

針広混交林とは、主要な森林植生帯の中間的な植生類型である。温帯針葉樹林の上部には、ツツジ、カバノキ、チョウセンヤマナラシ（ヤナギ科ヤマナラシ属植物の一種；山楊 *Populus davidiana*）等の落葉広葉樹と、トウヒ（マツ科トウヒ属の木本植物；雲杉）が混交した森林群落がよく見られる。温帯針葉樹林の下部には、クヌギ類、カシ、オーク（ブナ科のアカガシ属もしくはコナラ属アカガシ亜属の木本植物）の一種アラカシ（青岡 *Cyclobalanopsis glauca*）、メープル（カエデ科もしくはムクロジ科カエデ属の木本植物；槭樹）、シラカバ（白樺）、トウナナカマド（バラ科ナナカマド属の木本植物；花楸 *Sorbus pohuashanensis*）、ウルシ（ウルシ科ウルシ属の木本植物；漆樹 *Toxicodendron vernicifluum*）と、テーシャン（マツ科ツガ属の木本植物チュウゴクツガ；鉄杉 *Tsuga chinensis*）、マツ類等とが組み合わさって、常緑広葉樹および落葉樹の種に属する木々が針葉樹と混交した森林群落がよく見られる。他と比べて豊かな生物多様性がみられ、植物の種類もさまざまに入り組んでいるため、これに引きつけられる動物の種類も多様である。特に、春と秋には、この林の中は、さらに色彩豊富になる。春は花咲き乱れ、艶やかさを競い、秋には広葉樹の葉がさまざまに色づき、「五花林」（百花繚乱の林）と称されている。

セキィム・ラ（色斉拉）山頂のモミの木

モミの森林群落は、植物生態における従来の垂直分布帯理論によれば、トウヒ林帯の上部に分布するとされている。これは高山森林植生類型の垂直帯の末端にあたり、モミ林は高山ツツジ低木帯の下部に位置すると説明される。

モミは、寒冷地の杉であり、気候が涼しく湿潤で、年間降水量が 800 mm 以上の生育環境を好むと考えられている。モミの森林群落は、チベットの森林の重要な構成要素であり、チベットの 8 つの植生類型、43 の樹木種の中で、8 つの樹木種がモミを主として構成されている。

▶雲と霧に包まれたメト（墨脱 ペマ・コ）の村

メトの朝、大峡谷では空を一面に覆う固有の大規模な霧が峡谷と周辺に広がる原野を包み込む。山の中腹のメンパ族の村落は、霧の中でまだ深い眠りについていて、薄い霧のベールが村の家々の合間をそっと撫でるように漂い、ニワトリの鳴き声や犬の吠える声がかすかに聞こえてくる。

ギャラペリ（佳拉白壘）峰

チベット東南部、ヤルン･ツァンポ（雅魯蔵布）大峡谷の東北側に位置し、ナムチャバルワ（南迦巴瓦）峰との間に世界最長最深のヤルン・ツァンポ大峡谷を形成している。山頂は海抜 7151m に及び、谷底は海抜 1300m 前後と低い。2 つの主峰のうちの一方は山頂がないが、これは、地質史における造山運動の変動があった際に残された痕跡である。

植物

ケパロタクスス・ハイナネンシス（海南粗榧 *Cephalotaxus hainanensis*）
イヌガヤ科イヌガヤ属の貴重な木本植物の一種。メト（墨脱 ペマ・コ）一帯の海抜1600m以下の熱帯雨林内にのみ分布し、純林が広範囲に分布することはほとんどない。樹高はわずかに十数mにすぎず、雌雄異株である。果実が熟する時期は11月前後であり、形状は熟したナツメに似る。油分含有率は50%前後である。この地に住むメンパ族の人びとは、日常的に摘み取っては焼いて食用にする。

温暖で湿潤な熱帯山岳気候は、この地に非常に多くの植物種を育んできた。高等植物は4300種に及ぶ。また、中国山岳生態系における「熱帯」から「寒帯」に至る最も整った垂直植生類型が揃っている。すなわち、海抜1100m以下は低山熱帯北縁半常緑モンスーン林、海抜2400m以下は中山熱帯常緑・半常緑広葉樹林、海抜4000m以下は亜高山温帯常緑針葉樹林、海抜4400m以下は高山亜寒帯低木湿草地であり、海抜4400～4900mの間には高山亜寒帯周氷河植生が分布している。国家絶滅危惧種リストに登録されている保護植物には、マツタケ（松茸）、野生種のボタン（野牡丹）、ヒマラヤハッカクレン（桃児七）、サボテン（仙人掌）、ヘゴ（桫欏）、トウダイグサ（大戟）、ラン科植物種200種近くがある。また、イヌガヤ科イヌガヤ属植物の一種ケパロタクスス・ハイナネンシス（海南粗榧 *Cephalotaxus hainanensis*）、ヒノキ科イトスギ属植物の一種クプレッスス・ギガンテア（巨柏 *Cupressus gigantea*）、マツ科トガサワラ属植物類（黄杉）、イチイ科イチイ属植物の一種チュウゴクイチイ（紅豆杉）、シクンシ科モモタマナ属植物の一種テルミナリア・ミュリオカルパ（千果欖仁 *Terminalia myriocarpa*）、テトラメレス科テトラメレス属植物の一種テトラメレス・ヌディフローラ（四数木 *Tetrameles nudiflora*）、クスノキ科アルセオダプネ属植物の一種アルセオダプネ・アンデルソニイ（毛葉油丹 *Alseodaphne andersonii*）、クスノキ科クスノキ属のクスノキ（香樟）、クスノキ科タブノキ属植物の一種マキルス・ピンギイ（潤楠 *Machilus pingii*）、クスノキ科タイワンイヌグス属植物の一種ポエベ・ツェンナン（楠木 *Phoebe zhennan*）、モクレン科アルキマンドラ属（またはモクレン属）植物の一種アルキマンドラ・カトカルティ（長蕊木蘭 *Alcimandra cathcartii*）、モクレン科マングリエティア属植物の一種マングリエティア・フォルディアナ（木蓮 *Manglietia fordiana*）、モクレン科オガタマノキ属植物の一種カラタネオガタマ（含笑 *Michelia figo*）、ヤマグルマ科スイセイジュ属のスイセイジュ（水青樹 *Tetracentron sinense*）、センダン科トゥーナ（チャンチン）属植物の一種チャンチン（紅椿 *Toona* sp.）、ヤシ科クジャクヤシ属のクジャクヤシ（董棕 *Caryota urens*）、ゴマノハグサ科植

ヘゴ（桫欏 *Alsophila spinulosa*）

中国語別名：樹蕨

海抜 1600 m 以下の熱帯雨林地域に自然分布している。チベットの主にメト（墨脱 ペマ・コ）一帯に分布するヘゴ類植物に 3 種類ある。すなわち、ヘゴ（桫欏 *Alsophila spinulosa*）と、アルソピラ・アンデルソニイ（毛葉桫欏 *Alsophila andersonii*）と、スパエロプテリス·ブルノニアナ（白桫欏 *Sphaeropteris brunoniana*）である。その分布地域は限られ、発生が古く、樹形が美しいことから、保護、科学研究、園芸等の事業のいずれにおいても、非常に重要な植物である。地質生物学研究によれば、ヘゴの仲間は、7000 万年前に恐竜が好んで食べた植物であり、古い残存種として、非常に重要な科学研究上の価値があるといわれている。

物の一種ピクロリザ・スクロプラリイフローラ（胡黄蓮 *Picrorhiza scrophulariiflora*）、ニレ科ケヤキ属のケヤキ（欅樹 *Zelkova serrata*）、そして、この地域特有の植物種であるマツ科トウヒ属植物の一種モリンダトウヒ（長葉雲杉 *Picea smithiana*）、マツ科マツ属植物の一種ダイオウマツ（長葉松 *Pinus palustris*）、メト（墨脱 ペマ・コ）のタケ（竹）、メトのモミ、ヒノキ科イトスギ属植物の一種オオイトスギ（西蔵柏木 *Cupressus torulosa*）とクプレッスス・ギガンテア（巨柏 *Cupressus gigantea*）、ボタン科ボタン属植物の一種パエオニア・デラヴァイの花弁が黄色い野生種（野生黄牡丹 *Paeonia delavayi* var. *lutea*）、イチイ科イチイ属植物の一種ヒマラヤイチイ（喜馬拉雅紅豆杉 *Taxus wallichiana*）等が見られる。

パエオニア・デラヴァイの野生種
（野生黄牡丹 *Paeonia delavayi* var. *lutea*）
花弁が黄色い野生種は、キンポウゲ科（*Ranunculaceae*；もしくはボタン科 *Paeoniaceae*）ボタン属の多年生草本植物で、ヒマラヤ山脈東・南麓の海抜 3500m 以下の森林地帯にのみ分布している、チベット地域固有の貴重な植物である。多くの植物学者による多年にわたる実地調査研究により、ヒマラヤ地域のパエオニア・デラヴァイの野生種はすべてのボタン（牡丹）の祖先であると考えられている。

キュムビディウム・イリディオイデス
（黄蝉蘭 *Cymbidium iridioides*）
中国語別名：察隅虎頭蘭
ラン科蘭属の草本植物であり、中国西南地域固有の貴重な草花である。チベットでは、ザユ（察隅）、メト（墨脱 ペマ・コ）等の地域の海抜 2100m 以下の多雨林地帯に分布している。よく松林の下や岩石の裂け目に生え、毎年春節（旧正月）の時期に開花する。花の色は、鮮やかな黄色でまばゆいばかりに美しい。同種の花の中でも、ザユ一帯の花は、最も色鮮やかで、最も花が大きい。

チュウゴクイチイ（紅豆杉 *Taxus chinensis*）

イチイ科イチイ属の木本植物。チベットには、ウンナンイチイ（雲南紅豆杉 *Taxus yunnanensis*）と、ヒマラヤイチイ（喜馬拉雅紅豆杉 *Taxus wallichiana*）の2種類がある。ヒマラヤ山脈東・南麓、海抜3100（3400）m以下の地域に自然分布している。1970年代にわずかに、ザユ（察隅）、メト（墨脱 ペマ・コ）、ニンティ（林芝）、ポメ（波密）、ドモ（亜東）、ニャラム（聶拉木）、キドン（吉隆）等の地域における分布が記録されているが、80年代末、チベットの林業事業者が、ツォナ（錯那）県レポ（勒布）区の原始林内に、樹高16m、胸高直径80cmの大樹を発見した。林の辺縁に分布することが多く、純林が広範囲に分布することはほとんどない。

タイリントキソウ
（独蒜蘭 *Pleione bulbocodioides*）
ラン科プレイオネ（タイリントキソウ）属の草本植物。ワシントン条約附属書IIに指定されている種で、貴重な名花であり、ランのファミリーの中でも最も特徴的な小サイズの種である。チベットのザユ（察隅）、メト（墨脱 ペマ・コ）、マルカム（芒康）の各県の森林地域における、海抜3400m以下の日あたりのよい山の斜面の湿ったところに自然分布している。生長しても背丈はわずかに10cm余りに過ぎない。開花期は、海抜により異なるが、4～10月の間である。植物学およびランの花にかかわる研究者たちにとって最も貴重な種である。

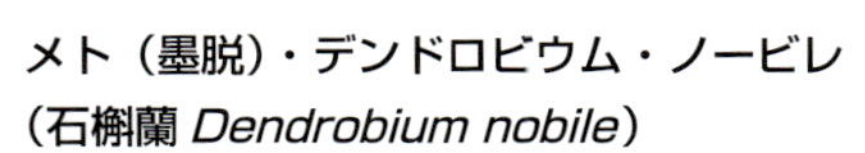

メト（墨脱）・デンドロビウム・ノービレ
（石槲蘭 *Dendrobium nobile*）
ラン科セッコク属の草本植物。チベット固有の貴重な花で、海抜1200m以下の熱帯雨林の太い木の幹や岩石に多く着生する。毎年、6～7月に開花すると、あたかも、青い蝶が多雨林の中を舞い飛ぶようだ。

オオタニワタリ（鳥巣蕨 *Asplenium antiquum*）
シダ植物における貴重な種の１つである。シダ植物は、高等植物の中でもやや原始的な胞子生殖する植物で、植物進化の過程において、数千年以上前には、地球の大陸全域で優勢だった植物種である。植物が高等植物へと進化していくにしたがって、現代の種子植物が生まれ、植物界を主導するようになった。現在、オオタニワタリは、わずかな古い残存種植物として東ヒマラヤ山脈東南麓の亜熱帯峡谷内に生息するだけで、植物地理学的変化を研究する素材として生きた化石となっている。オオタニワタリの同じファミリーを構成する他の植物が、中国西南地域および台湾に散在していることも、台湾と大陸がつながっていた時期に、オオタニワタリがすでに陸地の至るところに分布していたことを物語っている。

▶大峡谷のロドデンドロン・タッギアヌム（白喇叭花杜鵑 *Rhododendron taggianum*）
ツツジ科ツツジ属の木本植物。チベットのヤルン・ツァンポ（雅魯蔵布［江］）大峡谷地域固有の貴重な花である。高さは、2 ~ 3m に達することもあり、茂みをつくり、大峡谷の海抜 2600m 以下の日あたりのよい斜面に広く分布している。毎年 5 月に開花し、花は玉のような白色、花蕊はあざやかな黄色で、非常に美しい。

ヒマラヤモミ（喜馬拉雅冷杉 *Abies spectabilis*）
マツ科モミ属の木本植物。ヒマラヤ山脈南麓固有の貴重な種であり、中国では、チベットのキドン（吉隆）、ニャラム（聶拉木）、ドモ（亜東）、ティンリ（定日）、ディンキェ（定結）等の地域における海抜 2800 ~ 3800m の高山地帯にのみ分布している。その小枝の幹に直立する深い青紫色の球果は 20mm 余りに達し、その大きさは地元の小トウモロコシの実くらいあり、国内の多くの同種の球果の 2 ~ 3 倍の大きさである。

モリンダトウヒ
(長葉雲杉 *Picea smithiana*)
マツ科トウヒ属の木本植物。中国国内では、チベットのキドン（吉隆）県の海抜3200m以下の地域にのみ分布する貴重な種類である。針葉および球果は総じてトウヒ属のその他の種類よりも大きく、そのため「長葉」トウヒと名づけられている。その樹形は塔のようで、大きな枝は広がって伸び、小枝は下に垂れ下がり、変化に富み美しい。

ロドデンドロン・アルボレウム（樹形杜鵑 *Rhododendron arboreum*）
ツツジ科ツツジ属の木本植物。チベットのメト（墨脱）県の海抜2300m以下の地域で、通常テーシャン（マツ科ツガ属の木本植物チュウゴクツガ；鉄杉 *Tsuga chinensis*）の暗針葉樹林（dark coniferous forest）を伴う針広混交林内に分布している。樹高は成長環境により異なり、数mから数十mに達する。毎年5～6月には、茶碗くらいの大型の花が原始林内に咲き誇り、色とりどりの華やかなようすは、大自然の春の節句を祝うかのようだ。

セロジネ（貝母蘭 *Coelogyne cristata* または長鱗貝母蘭 *Coelogyne ovalis*）
ラン科セロジネ属の木本植物。主に、チベットのメト（墨脱 ペマ・コ）、ザユ（察隅）、ダクイプ（巴宜）等の地域の海抜2200m以下の熱帯林および亜熱帯林の辺縁に分布している。毎年5～6月に色鮮やかな花が咲き誇る。ラン科植物はすべての種がワシントン条約附属書IIに指定され、みだりに採集したり、商取引の対象とすることが厳しく禁じられている。

ランゲルストロエミア・ミヌティカルパ（小果紫薇 *Lagerstroemia minuticarpa*）

ミソハギ科サルスベリ属の木本植物。メト（墨脱 ペマ・コ）のヤルン・ツァンポ（雅魯蔵布）大峡谷における海抜2000m以下の熱帯雨林地域に自然分布している。樹高は62mに達し、胸高直径は160cmになる。純林の単位蓄積量は1haあたり2000m^3に及ぶ。熱帯雨林の緑地帯のなかでも最も目立ち、樹皮は薄灰色かつ滑らかで、幹はまっすぐ伸びる。この地に住むメンパ族やロパ族の人びとには「サラシン」（猿が登ることのできない木）と呼ばれている。

サリックス・アンヌリフェラ（矮柳 *Salix annulifera*）
ヤナギ科ヤナギ属の木本植物。チベットのヒマラヤ東南部、海抜4500mの高山雪線以下に分布し、柳の木は、高原環境に適応するために「ミニサイズの」柳の木を形成する。一方、その生殖器官（花穂）は立派で、平原地域の柳の木とほとんどかわるところはなく、栄養器官（枝葉）と対比するとかなりアンバランスである。したがって、この地域のサリックス・アンヌリフェラは、地面をはうように育つか、高さわずか十数cmにとどまる。夏季の短い成長期間内に、なるべく早く、葉を伸ばし、花を咲かせ、実を結ぶというプロセスを完了させる。

メコノプシス（緑絨蒿 *Meconopsis* sp.）
ケシ科メコノプシス属の草本植物。チベットの大部分の地域に分布し、通常、海抜3300～5500mの草の生えた斜面や岩の斜面あるいは林の辺縁に育つ。メコノプシスはケシと同じ科に属す世界的名花の1つである。チベット高原には、30種近くのメコノプシスがあり、毎年6～7月に満開期を迎えると、色鮮やかで美しい花が人を魅了する。

ピュルロスタキュス・デコラ（西蔵粗竹 *Phyllostachys decora*）

イネ科マダケ属の木本植物。メト（墨脱 ペマ・コ）、ザユ（察隅）、ダクイプ（巴宜）等の海抜 2100m 以下の地域に分布している。太く大きい竹筒は直径 20cm 余り、稈の高さは 10m に達することがある。チベット自治区全域に全部で 20 種類余りあるタケ類の中でヤルン・ツァンポ（雅魯蔵布）大峡谷地域のタケ類は 10 種類余りに達し、その大部分は固有種である。

イワベンケイ（紅景天 *Rhodiola* sp.）
チベット語でソロマポ（sro lo dmar po；中国語音訳：索羅瑪布）と発音する。ベンケイソウ科イワベンケイ属の草本植物。チベットにおいて、イワベンケイ類は30種余りが分布し、海抜5100m以下の地域であれば成長できる。生育環境の違いにより、その生態の違いは大きい。北部のチャンタンのイワベンケイは、地面をはうように成長し、成長しても背丈は数cmに過ぎない。一方、南部のヒマラヤ地域のイワベンケイは太くたくましい根茎が岩石の裂け目に入り込み、成長すると背丈は40cmに達する。

シトロン（香櫞 *Citrus medica*）の果実
ミカン科ミカン属の木本植物。シトロンの実は、チベットのメト(墨脱 ペマ・コ）の海抜1300m以下の熱帯森林地域のみで採れる、ミカン類の中でも大型の野生果実であり、現地のメンパ族はこれを土地の境界際で栽培することで、棘のある木を垣根とし、果実も食用とする。

▶セイタカダイオウ（塔黄 *Rheum nobile*）
タデ科ダイオウ属に属する草本植物。チベットのヒマラヤ山脈地域の海抜3900～4600mの高山に分布。成長すると背丈は1.5mに達することがあり、茎幹は塔のような形に成長する。毎年7～8月に、1つ1つまるで金色の宝塔のように屹立し、高山湿潤地域にあってひときわ目を引く。その茎幹には甘酸っぱい味がして、チベット族の牧童たちの大好きな「おやつの果物」となっている。

野生のレモン（野檸檬 *Citrus limonia*）
ミカン科ミカン属の木本植物。メト（墨脱 ペマ・コ）の海抜2000m以下の熱帯林の辺縁や路傍に分布している。通常、広範囲に成長し、樹高は5m前後に達することもある。メトの野生のレモンの果実は、甘酸っぱく、消化を助け食欲を旺盛にする効能がある。

テルミナリア・ミュリオカルパ（千果欖仁 *Terminalia myriocarpa*）の木
シクンシ科モモタマナ属の木本植物。メト（墨脱 ペマ・コ）の海抜1700m以下の雨林内に分布。樹高は40mに達し、胸高直径は100cmに達することがある。熱帯雨林の代表的な樹木種である。メト一帯に広がるこの木は、中国でも稀少種となってしまった貴重なテルミナリア・ミュリオカルパの原始林をなすものである。

チベットイトバショウ（西蔵野芭蕉 *Musa balbisiana*）

チベットのイトバショウ（リュウキュウイトバショウと同種の野生のバショウ類；中国語名：野芭蕉）は中国語で別名「倫阿蕉」とも呼ばれるバショウ科バショウ属の草本植物である。メト（墨脱 ペマ・コ）やザユ（察隅）の海抜2300m以下の地域に分布している、亜熱帯気候の指標植物である。ヤルン・ツァンポ（雅魯蔵布［江］）大峡谷地帯では、山の斜面一帯に野生のイトバショウの林が青々と茂っている。

アキグミ（牛奶子 *Elaeagnus umbellata*）の果実
グミ科グミ属の木本植物。チベットのザユ（察隅）、メト（墨脱 ペマ・コ）等の地域の海抜2600m以下の亜熱帯林の辺縁に分布。アキグミの果実は、健康食品として有名なサジー（スナジグミ／沙棘／seabuckthorn）と同じグミ科に属しているが、風味と口あたりは、サジーよりずっとよい。

ルクリア・グラティッスィマ（馥郁滇丁香 *Luculia gratissima*）
アカネ科ルクリア属の木本植物。メト（墨脱 ペマ・コ）、ザユ（察隅）等の地域の海抜2300m以下の亜熱帯林および熱帯林に分布。普通の植物とは開花時期がまったく異なり、季節を外して開花する。毎年11月、ヤルン・ツァンポ（雅魯蔵布）大峡谷のトシュン・ツァンポ（多雄蔵布[河]）の谷間に入ると、花が谷を埋め、もう春が到来したかと錯覚するような情景が見られる。

デルフィニウム（翠雀花 *Delphinium* sp.）
キンポウゲ科デルフィニウム属の草本植物。チベット東部、南メト（墨脱 ペマ・コ）、ザユ（察隅）、ダクイプ（巴宜）等の地域の海抜5000m以下の森林地帯に分布する貴重な薬用植物である。

コガネニカワタケ
（黄木耳 *Tremella mesenterica*）
中国語で別名「金耳」と呼ばれるシロキクラゲ科シロキクラゲ属の菌類。メト（墨脱 ペマ・コ）、ザユ（察隅）、ポメ（波密）、ダクイプ（巴宜）、メンリン（米林）等の地域の海抜 3200m 以下のクヌギの木の幹に生える。栄養豊富で、今後に期待される自然食品および強壮栄養補助食品である。

エンレイソウ
（延齢草 *Trillum govanianum*）
ユリ科エンレイソウ属の草本植物。メト（墨脱 ペマ・コ）、ダクイプ（巴宜）、ポメ（波密）等の亜熱帯および暖温帯の原始林の海抜 3000m 以下の地域に分布。かつて、国家二級重点保護植物に指定されていた。

動物

動物地理区画において、この地域は、東洋区――西南地区――ヒマラヤ地区――ポメ・ザユ（波密察隅）小区域、メト・キドン（墨脱吉隆）小区域、タンロン・タワング（丹龍達旺）小区域に属する。動物区系は複雑で、豊富な種類の組み合わせが見られる。貴重な稀少動物の構成は海抜に応じた変化を見せる。統計によれば、この地域には、野生哺乳類約 70 種、鳥類 240 種余り、爬虫類 30 種余り、昆虫 2000 種余りが生息している。この地域は、面積にしてチベット自治区の総面積の 20% 前後だが、チベット自治区全域に生息する野生動物種の 70% が集中している。生態系から評価するにしても、種の多様性や遺伝的多様性から評価するにしても、この地域はチベットないし中国の生物多様性がもっとも豊かな地域の 1 つである。この地域は、第四紀の氷期において、広域にわたり氷に覆われることはなく、山麓氷河の影響を受けたのみで、南北に延びる谷は寒冷な気候の影響をさほど受けていないため、多くの貴重な稀少動物の避難所となり、一部の比較的古い動物種のグループと固有の動物が保存されている。

危機に瀕している貴重な動物のうち最も特色のあるものとして、ベンガルトラ、ヒョウ類、リーフモンキー（ラングール）、アッサムモンキー、ヒマラヤヒグマ、レッサーパンダ、アカゴーラル、ターキン、カッショクジャコウジカ、ヒマラヤジャコウジカ、インドキョン、チベットマエガミホエジカ、チベットゴーラル、スマトラカモシカ、ニジキジ、ジュケイ、サイチョウ、タイヨウチョウ、ウワバミ（ボア科もしくはニシキヘビ科のヘビ）、キングコブラ、ガラスヘビ（アシナシトカゲ科ヘビガタトカゲ属のトカゲ）、メトジュズヒゲムシ等がある。

現在、ヤルン・ツァンポ（雅魯蔵布）大峡谷（メト 墨脱）自然界保護区、チョモランマ地区自然保護区、ニャラム（聶拉木）ダム（樟木）自然保護区、キドン（吉隆）チャン（江）村自然保護区、ニンティ（林芝）ダクチ（巴結）クプレッスス・ギガンテア（巨柏）自然保護区、ポメ（波密）ガン（崗）郷多収穫トウヒ林自然保護区、ニンティ（林芝）トンチュ（東久）アカゴーラル自然保護区、ホン・ラ（紅拉山）自然保護区という 8 つの自然保護区が造成され、その総面積は、44

インドキョン
（赤麂 *Muntiacus muntjak*）
中国語別名：吠鹿、黄鹿
メト（墨脱 ペマ・コ）、キドン（吉隆）、ダム（樟木）通関地一帯に分布。生息地は、海抜 2600 m 以下の針広混交林および常緑広葉樹林である。臆病で、動作は機敏である。通常は単独もしくはペアで活動し、日没後に鳴き声を耳にする事がよくある。繁殖期は春で、6 か月の妊娠期間を経て、毎季 1 ～ 2 頭出産する。現在、チベット自治区二級重点保護動物に指定されている。

ベンガルトラ（孟加拉虎 *Panthera tigris tigris*）

南部辺縁の森林地帯であるザユ（察隅）、メンユ（門隅）、ロユ（珞渝）の各地域およびメト（墨脱 ペマ・コ）、ロダク（洛扎）、ツォナ（錯那）、メンリン（米林）等の地域に分布。生息地は、海抜 3600 m 以下の広葉樹林や針広混交林、低木と野草の群生地であり、昼は隠れ、夜になると活動し始め、明け方や日暮れ時の活動が最も盛んである。オスの成体は、繁殖期を除き単独で群れることなく放浪生活を送る。一般に 11 月から翌年の 2 月までが発情交配期で、メスは 90 ～ 120 日の妊娠期間を経て、春の終わり頃に 1 ～ 4 頭の子を産む。チベットに分布するトラの亜種はベンガルトラである。種としてのベンガルトラはすでに非常に稀少で、世界的にも絶滅危惧種に指定されており、国家およびチベット自治区の一級重点保護動物に指定されている。

億 4422 万 ha に達する（そのうち、チョモランマ自然保護区の約 300 万 ha が、沙漠生態系に属する)。

インドジャコウネコ（大霊猫 *Viverra zibetha*）
中国語別名：九節狸、麝香猫
ザユ（察隅)、ポメ（波密)、メト（墨脱 ペマ･コ)、ダクイプ（巴宜)、メンリン（米林)、ツォナ（錯那）等の地域に分布。生息地は海抜 2000 m 以下の熱帯雨林、亜熱帯常緑広葉樹林地帯、山地低木地帯である。単独で生活し、夜行性である。地上で活動することを好み、めったに樹上に登ることはない。食性は雑食で、通常 1 ～ 3 月に交配する。70 ～ 75 日の妊娠期間を経て 4 ～ 5 月に、1 回で 2 ～ 4 匹の子を産む。雌雄ともに分泌腺が発達しており、「マーキング（rubbing)」の習性がある。自然界において鼠害（そがい）の抑制に一定の効果がある。現在、国家およびチベット自治区の二級重点保護動物に指定されている。

ハヌマンラングール（長尾葉猴 *Presbytis entellus*）

中国語別名：長尾猴、白猴、長尾灰葉猴

中国においては、チベット自治区のメト（墨脱 ペマ・コ）、ドモ（亜東）、ダム（樟木）通関地、キドン（吉隆）、および、ディンキェ（定結）県のンデンタン（陳塘）、ならびにメンユ（門隅）、ロユ（珞渝）の各地域にのみ分布する。生息地の海抜は、2800m以下である。常に、温暖湿潤な熱帯林および亜熱帯常緑広葉樹林で群れをなして活動する。一般に数十匹が1つの群れをなし、多くは、明け方と日暮れ時に食物を探す。その独特の長い尻尾を木の枝に巻き付けてぶら下がり、振り子のように慣性力を利用して数m以上離れた他の木に飛び移ることができる。ハヌマンラングールは、中国の稀少種であり、現在、国家およびチベット自治区の一級重点保護動物に指定されている。

ナナミゾサイチョウ
（棕頸（無盔）犀鳥 *Aceros nipalensis*）

中国語別名：尼泊爾犀鳥（ネパールサイチョウ）

典型的な熱帯・亜熱帯鳥類に属し、チベットでは、メト（墨脱）県の一部の広葉樹林にのみ見られる。常に、4～5匹で小さな群れをなして活動する。警戒心が強く、人を恐れる。毎年4月に繁殖期を迎え、各巣2～3個産卵する。メス鳥の産卵が終わるとすぐにオス鳥が、メス鳥が首を伸ばして頭が巣穴の外に出せるほどの穴を残して、石や砂礫や土で巣穴の入口をふさぐ。ナナミゾサイチョウは、中国における分布範囲が狭く、数は少ない。現在、国家およびチベット自治区の二級重点保護動物に指定されている。

ハイタカ（雀鷹 *Accipiter nisus*）

中国語別名：鷂子

チベット東南部ヒマラヤ山脈付近に分布し、多くは山地・平原・農地・森林地帯に生息する。単独で活動し、飛翔能力は非常に高く、視力･聴力ともに非常に鋭く、行動は迅速、物を狩る判断は的確で、飛行中の獲物を捕獲することもできる。毎年４～５月が繁殖期であり、各巣４～５個産卵する。現在、国家およびチベット自治区の二級重点保護動物に指定されている。

ガラスヘビ（細脆蛇蜥 ***Ophisaurus gracilis*****）**
中国語別名：脆蛇
メト（墨脱 ペマ・コ）に分布。海抜 1100m 以下のやや湿度の高い熱帯モンスーン林内および竹林や草むらの中、あるいは岩の隙間で生活する。冬眠期間は、干し草、コケ類を使って洞穴の中に巣をつくり、群生することもある。主にナメクジ、ミミズ、鱗翅目の昆虫の幼虫などを食べる。

◀カンムリワシ（蛇雕 *Spilornis cheela*）
中国語別名：蛇鷹
チベット東南部の熱帯・亜熱帯森林地域に分布し、海抜3200m以下の森林地帯に生息する。蛇類を好んで捕食するので、森林地域の生態バランス維持に重要な役割を果たす動物である。現在、中国国内のその他の地域ではすでに非常に少なくなっているが、チベットの森林地域では、自然分布密度が依然として高い。現在、国家およびチベット自治区の二級重点保護動物に指定されている。

インドニシキヘビ（蟒蛇 *Python molurus*）
中国語別名：蟒、南蛇、蚺蛇
チベットのザユ（察隅）、メト（墨脱 ペマ・コ）およびメンユ（門隅）、ロユ（珞渝）の各森林地帯に分布。生息地は海抜1500m以下の亜熱帯低山密林であり、水中に棲むこともできる。夜間に活動する。噛みつくことを得意とするだけでなく、動物に巻き付いて絞め殺す能力もある。通常、鳥・野ウサギ・子鹿・トカゲなどを捕食する。卵生で、母ヘビは筋肉をリズミカルに収縮させることで体温を上昇させ、卵の孵化を促す。現在、国家およびチベット自治区の二級重点保護動物に指定されている。

ミノキジ（勺鶏 *Pucrarsia macrolopha*）
中国語別名：角鶏
マルカム（芒康）、ジョムダ（江達）、ダクヤプ（察雅）、ロロン（洛隆）、ザユ（察隅）、ポメ（波密）、メト（墨脱 ペマ・コ）等の地域に分布。海抜3000m以上の針広混交林地帯に生息し、季節により上下に移動する習性がある。メスとオスがつがいになって生活し、毎年4月中下旬に産卵繁殖期に入り、巣ごとに4～9個産卵する。卵は薄黄色の地に濃い色の斑点が稠密（ちゅうみつ）にちりばめられている。チベットの稀少種の1つであり、現在、国家およびチベット自治区二級重点保護動物に指定されている。

◀ベニジュケイ（紅腹角雉 *Tragopan tenninckii*）
中国語別名：哇哇鶏、寿鶏
チベット東部・南部の、キドン（吉隆）、ニャラム（聶拉木）、ドモ（亜東）、ダクイプ（巴宜）、ザユ（察隅）、マルカム（芒康）、ジョムダ（江達）県等の地域に分布。海抜2200～4000mの針広混交林・広葉樹林・低木地に生息する。毎年4～6月に繁殖し、巣ごとに3～5個産卵する。現在、国家およびチベット自治区の二級重点保護動物に指定されている。

キングコブラ
（眼鏡王蛇 *Ophiophagus Hannah*）

中国語別名：大毒虫

猛毒をもつ蛇類で、現在、メト（墨脱ペマ・コ）にのみ見られる。海抜1100m以下のヒマラヤ山の南側斜面の熱帯、亜熱帯の密林中で生活する。一般に、岩の亀裂や樹洞の中に隠れている。驚いたり怒ったりしたときに、頸部を扁平瓶状に膨張させるとともに、身体の前部を直立させる。産卵時期は7月初旬で、数十個もの卵を産む。

ヒマラヤスベトカゲ（喜山滑蜥
***Scincella himalayana*）**

頭胴長は、オスが5.1cm前後、メスが5cm前後であり、尾の長さは、オスが9cm、メスが9.2cmである。ポメ（波密）、メト（墨脱 ペマ・コ）等の地域に分布し、海抜2300m地域の水辺の疎林の石の間で生活する。

アオガエル科アオガエルの一種（鋸腿樹蛙 *Rhacophorus cavirostris*）
メト（墨脱 ペマ・コ）でのみ見られる。海抜 850 ~ 1500m の地に生活する。成体は、多くが山間の密生した低木や草むらの暗くじめじめした中で生息する。樹木の葉の上やバショウの葉の上に棲むものもいる。一般に夜間に活動する。鳴き声は、「フー、ドン、ドン、ドン」のように聞こえる。捉えようとするとその身体の皮膚から青草のような臭気をまき散らす。メスのカエルは陸上で産卵し、1 回に 20 個前後産卵すると、そのまま直接育て、オタマジャクシが水中に入り生活することはない。

シロアゴガエル（斑腿樹蛙 *Rhacophorus leucomystax*）
メト（墨脱 ペマ・コ）でのみ見られる。海抜 750 ～ 1600m の稲田の畦や草むら、および湖岸の林の中の枯葉の間で生活する。夕暮れ前後に鳴き始め、「ダッダッ……」という鳴き声を発する。産卵期は 4 ～ 9 月である。オタマジャクシは、稲田区域の畦の浅い水たまりなどよどんだ水域内に棲む。

アガマ科キノボリトカゲの一種（長肢龍蜥 *Japalura andersoniana*）
メト（墨脱 ペマ・コ）にのみ分布。海抜 1000 ～ 1500m の地域で生活する。晴れた日に山の斜面の低木地や草むらの中で活動しているか、低木の葉の上で寝ているのを目にすることが多い。午後になると太陽の光が届かない山谷にいることが非常に多く、常に草むらや低木の間を活動している。

ホジソンナメラ（南峰錦蛇 *Elaphe hodgsoni*）

ダクイプ（巴宜）、メト（墨脱 ペマ・コ）等の地域に分布。海抜 2100 m 前後の雑草が生い茂る日向斜面で生活している。性格は獰猛で、小型動物を食す。卵生である。

アカトンボ（紅蜻蜓 *Odonata*）

昆虫類動物。チベットの亜熱帯・熱帯の森林地帯に分布。チベット自治区には7種類のトンボがいて、赤、青、黄、緑など色とりどりでどれも非常にきれいだが、特にアカトンボは、トンボ類の中でもからだが大きいだけでなく、鮮紅色の色合いも非常に美しい。

ヒキガエル科ヒキガエルの一種（隆枕蟾蜍 *Bufo cyphosus*）
ザユ（察隅）、メト（墨脱 ペマ・コ）等の地域に分布し、海抜700 ~ 2100m の熱帯・亜熱帯の森林の間の小川に生息する。通常、川筋や田圃の間とか、雑草の草むらの中に見られる。日暮れ時には、好んで路傍まではい出てくる。ヒキガエルの子は、通常、林の中の腐葉に隠れている。

◀アゲハチョウ（鳳蝶 *Papilionidae*）
チョウ目アゲハチョウ科。多くの種類が、海抜 2600m 以下の、熱帯・亜熱帯の森林地帯で生活している。主に、ミカン科、クスノキ科、セリ科や、ジャガイモ等のナス科に属する植物の茎や葉に寄生する。アゲハチョウは、大型昆虫の一種で、2 対の羽に色とりどりの鱗粉が密生し、彩り鮮やかな美しいまだら模様をかたちづくっている。アゲハチョウ科のチョウは分布が限られ絶対数も少ないので、多くの種がワシントン条約附属書 II に登録され、厳格に輸出入取引が規制されている。

セミ（蝉 *Cicadidae*）
半翅目（同翅目とされることもある）セミ科の昆虫。チベット自治区では、主に、メト（墨脱 ペマ・コ）、ザユ（察隅）、ツォナ（錯那）等の熱帯および亜熱帯の森林地帯に分布。セミは、他の昆虫と同様、多くの森林に棲む鳥類の食物となり、大自然の生物多様性における生態バランス維持にとって重要な種である。

Ⅳ．南チベットの山地性高原・湖盆・河谷地域

自然地理

南チベットの山地性高原・盆地・河谷地域は、チベット自治区の南部に位置する。おおよそ、ガンディセ山——ニェンチェン・タン・ラ（念青唐古拉）山より南、ヒマラヤ山より北、西は、ンガリ（阿里）地区ガル（噶爾）県の西北側に及び、東は、ラリ（嘉黎）、コンポギャムダ（工布江達）、ギャツァ（加査）、ツォナ（錯那）を結ぶ線より西の無林地帯である。行政管轄区域としては、主に、ロカ（山南）市、シガツェ（日喀則）市、チョモランマ保護区以外の各県の農牧地帯、ラサ（拉薩）市内各県およびラリ（嘉黎）県内のキ・チュ（拉薩河）水源のミディ・ツァンポ（麦地蔵布）流域およびナクチュ（那曲）県南部ユチャ（油恰）郷があり、総面積は約22万km^2余りである。域内で西から東に横断するヤルン・ツァンポ（雅魯蔵布［江］）は、主流の中流域にあるミャン・チュ（年楚河）、キ・チュ（拉薩河）といった比較的大きな支流では、広々とした河谷地域に、帯状の広い水源湿地および河谷湿地が形成され、南部には、雪と氷に覆われた峰の林立するヒマラヤ山脈により天然の障壁が形成されている。地形の変化にともない、この地域は大きく2つの類型に分けられる。

ヤムドク・ユムツォ（羊卓雍錯［湖］）
チベット南部に位置する、湖面の海抜が4441mの南チベット地域最大の内陸湖で、流入する河が土石流によってふさがれてできた湖である。ヤムドク・ユムツォは海抜が高いので、特殊な高山湖の景観を有する。湖内には多く（全部で16も）の島嶼があり、チャガシラカモメ、インドガン、アカツクシガモ等の水鳥の重要な繁殖地である。湖と沼沢と湿地とが連なる区域は、毎年、春と秋に、水鳥類の最も重要な休憩と栄養補給のための宿営地となる。ヤムドク・ユムツォは、ラサ（拉薩）からわずか90km余りにあり、観光の重点開発スポットである。

ヤルン・ツァンポの広い谷

ヤルン・ツァンポ（雅魯蔵布［江］）中流地帯のほとんどは河谷が広く、数 km ないし十数 km に達し、南チベットの先進農業発展地区を形成している。平均海抜は 3600 m 前後で、冬季も河の水は凍結することなく、夏季も炎暑に見舞われることはない。年間降水量は 450 ～ 500 mm である。河谷地帯は、近年、人工植樹造林面積が絶えず拡大し続けているチベットの重要な人工植樹造林区である。また、河谷地帯は、珍しい鳥類、たとえばオグロヅルやインドガンやアカツクシガモ等の水鳥の重要な越冬区でもある。

(1) 南チベットの湖盆地形類型

ヒマラヤ山脈北麓の窪地であり、広い盆地と広い谷が連続して形成されている。東西方向に、中央ヒマラヤ山脈とタゴェカンリ（拉軌崗日）――ミニヤコンカ（貢嘎）南山の間に位置する。西から東に向かって順にキドン（吉隆）盆地、ルツォロン（澚錯龍）湖盆地、ペキュ・ツォ（佩枯錯）盆地、ティンリ（定日）盆地、ディンキェ（定結）盆地、プム・チュ（朋曲［河］）上流の広い谷、ヤムドク・ユムツォ（羊卓雍錯）盆地、ティグ・ツォ（哲古錯）盆地等が連なり、海抜は、4300 ~ 4600m に達する。ヒマラヤの高くそびえる山脈に阻まれ、年間降水量はわずか 200mm 前後に過ぎず、気象学上著名なヒマラヤ北側斜面の「雨陰帯」を形成している。この地域内の年間平均気温は、0 ~ 2.4℃で、最も暖かい時期の月間平均気温は 9.8℃である。

キ・チュ（拉薩河）河谷の冬

(2) ヤルン・ツァンポ（雅魯蔵布［江］）中上流の河谷地形類型

河谷形態は、広い区域と狭い区域（平均の広さは 500 ~ 8000m）が互い違いに並び、川筋の傾斜が緩やかで、分流が発達し、川沿いに氾濫原が広く分布し、河谷底部の海抜は 3500 ~ 4400m である。夏には、東南から湿った空気が多く流れ込むため降水量が多く、年間降水量は 400mm 余りに達し、東から西に向かって降水量は徐々に少なくなる傾向にある。年間平均気温は 0 ~ 8℃で、最も暖かい月の平均気温は 15℃以上になる。日照量は十分で、夜間の雨が多く、雨季と暑い時期が重なり、年間の温度差は小さく、一日の温度差が大きい。降雨は夏季に集中し、蒸発量が大きく、乾季が長い。

現在、この地域（ヒマラヤ山脈東南山麓の高山・峡谷・多雨林地帯に区分されたチョモランマ保護区は除く）には、ヤルン・ツァンポ（雅魯蔵布［江］）中流河谷オグロヅル自然保護区、ラル（拉魯）湿地自然保護区という 2 つの自然保護区が造成されており、その総面積は 61 万 4970km^2 である。

ロカ（山南）の苗圃
ロカはチベットで造林緑化の先鞭を切ったヤルン・ツァンポ（雅魯蔵布［江］）河谷地帯である。ヤルン・ツァンポ河谷の砂嵐地帯に広範囲の人工林を造成するにあたり、十分な苗木の供給を担保する必要があり、管轄林業部門は、ロカ市ツェタン（沢当）鎮のヤルン・ツァンポ河岸の荒地に、チベットの農業地帯の規範的な苗圃を創った。

サンリ（桑日）の谷の地形
サンリの谷は、南チベットのヤルン・ツァンポ（雅魯蔵布［江］）中下流の南岸に位置し、地形はおおよそ南チベット山地性高原・湖盆に属する。平均海抜は約4000m、年間降水量は400mm余り、半乾燥沙漠草原地帯に属する。日の当たらない北側斜面の一部には、たとえば、メギ科メギ属植物の一種サンカシン（三顆針 *Berberis anhweiensis*）や、バラや、バラ科シモツケ属植物の一種ホザキシモツケ（繍線菊 *Spiraea salicifolia*）や、ヤナギ科ヤナギ属植物の一種サリクス・プセウドタンギ（山柳 *Salix pseudotangi*）等といった日照りによる乾燥に強く耐寒性もある低木が成長する。隣接する高山には、チベットセッケイや、バーラル、クチジロジカ等の珍しい動物も分布する。

ラサ（拉薩）湿地

キ・チュ（拉薩河）は全長500km余りあり、非常に多くの沼沢湿地が、キ・チュ流域の広々とした河谷地帯（平均海抜3500～4000mの地域）に分布している。キ・チュの両岸に沿って、チュシュル湿地、ラサ湿地（ラル湿地）、タクツェ湿地、メルド・グンカル湿地、ダムシュン湿地、ルンドゥプ湿地が北に向かって連なり、キ・チュの水源地であるラリ県のミディカ湿地にまで延びている。大きさの異なる沼沢湿地が断続的にキ・チュ流域に分布している。これら湿地群は、キ・チュ同様、流域の気候を調節する重要な要因を構成しており、ラサ地域の「自然生態の肺」と称される。

南チベットの人工林

南チベットは、チベット自治区における重要な農業発展区であり、自然気候条件の影響を受け、天然の高木林はきわめて少なく、ほとんどないとすらいえる。チベットの平和的解放以来、特に1980年代以後、国は巨額の資金を投入し、人工林を造成した。現在、南チベットの「一江両河」地区、すなわちヤルン・ツァンポ（雅魯蔵布［江］）、キ・チュ（拉薩河）、ミャン・チュ（年楚河）の流域の河谷地帯には、広範囲にわたる人工林がいたるところに見られる。このことが、河谷地帯の砂嵐の抑制に一定の効果を発揮し、河谷地帯の気候の改善につながっている。

都市の緑化

1960年代のチベット民主改革以前、ラサ市周辺には、貴族の憩いの場としていくつかの小さな「リンカ（庭園）」（小規模な林）があるだけだった。民主改革後、特にこの20年で、ラサ市区内の都市緑被率はすでに31.74%に達し、ラサの気候と市民の居住環境に明らかな改善がみられる。

ルンドゥプ（林周）のイブキ（円柏 *Sabina chinensis*）

ルンドゥプ・イブキの天然林は、平均すると高さ10m余りに達し、木々の胸高直径は最大40cm以上に達する。多くは樹齢数百年以上で、樹齢千年を超えるものもある。南チベットの谷間にあるイブキ林の中でも最北に分布し、最も高い特殊な天然林群落である。近年になって、これが天然林地理研究、種の研究、森林生態学研究、生物地理研究等の分野で非常に重要な天然林であることがわかってきた。

シガツェ市の冬に干上がった河谷

ルンドゥプ（林周）の谷
キ・チュ（拉薩河）の上流、平均海抜3800mに位置する。この地域の局部的地形の影響を受け、河谷地帯気候は温暖で、冬でも大部分の区域では川が凍結することはない。河谷の広さは、平均2～3km、最も広いところでは5kmに達する。農業開発が比較的早く進んでおり、河谷両岸の多くは農地である。冬には、オグロヅルやインドガン等の珍しい鳥類が群れをなし、農地や、村の近くや、路傍に棲みつき越冬する。

シガツェ平原地帯の農地

シガツェ市の地形

シガツェ市は、キ・チュ（拉薩河）河谷地帯下流地域に属する。シガツェ市の農業開発はすでに千年の歴史があるが、人と自然との関係はなお十分に調和している。川の両岸の谷間や山腹には、バラやサンカシン（三顆針）やイブキや小葉型のツツジの一種などの低木が生い茂り（被度は80％以上に達する）、群れをなすチベットシロミミキジが活動する。毎年秋になり、10月のコムギやハダカムギの収穫期が過ぎると、オグロヅルがやってきて農地内に残った種子と農地内で越冬する農業害虫をついばむ。

植物

この地域は、チベット植生区画において、南チベット河川高山低木草原区に属し、代表的な植生は、草原と低木である。一般に、海抜4400m以下の乾燥した広い谷と盆地と山の斜面のふもと部分にあって、温暖な環境を好む亜高山草原および落葉低木と河谷沼沢湿草地を広範囲に育み、河谷地帯植生垂直分布系の基幹帯を構成している。海抜が高くなるにつれて、高い標高と寒冷な気候に適応する草原群落および高山常緑針葉樹低木、高山広葉樹低木、高山湿草地等が現れるとともに、まばらにではあるがクッション状の植物群落もよく見られるようになる。植生を構成する要素の中で、種類が比較的多いのは、イネ科のマツバシバ属（アリスティダ・トリセタ（三刺草）*Aristida triseta* 等)、チカラシバ属（チカラシバ（狼尾草）*Pennisetum alopecuoides* 等)、オリヌス属（オリヌス・トロルディー（固沙草）*Orinus thoroldii* 等)、スティパ属（スティパ・カピッラタ（針茅）*Stipa capillata* 等)、キク科のヨモギ属、マメ科のエンジュ属、オヤマノエンドウ属、ゲンゲ属、ムレスズメ属、バラ科のバラ属、キジムシロ属（カワラサイコ（委陵菜）*Potentilla chinensis* 等)、シモツケ属（ホザキシモツケ（繍線菊）*Spiraea salicifolia* 等)、メギ科のメギ属、ヒノキ科のビャクシン属（イブキ（円柏）*Sabina chinensis* 等)、カヤツリグサ科のヒゲハリスゲ属、スゲ属、サクラソウ科のトチナイソウ属、ナデシコ科のノミツヅリ属、ゴマノハグサ科（またはハマウツボ科）のシオガマギク属である。以上のような科、属の植物によって、この地域の多様な植生類型における支配的な種、優占種、よく見られる種が構成されている。

河谷地帯はチベットの重要な農業区である。農業植生は広大であり、特に1980年代以降、河谷地帯の広範囲におよぶ植林面積は大きく、ヤナギ科のポプラやヤナギ、ニレ科のノニレ等を主とする人工林が広く河谷地帯に沿って帯状に分布し、森林被覆率は3%以上にまで達している。その他、河谷両岸に沿って各種類型の異なる沼沢植物類・水生植物類の植生がある。キ・チュ（拉薩河）やミャン・チュ（年楚［河］)、ヤルン・ツァンポ（雅魯蔵布［江］）沿岸の湿地には、グミ科サバクグミ（ヒッポファエ）属植物の一種ギャンツェ・サジー（江孜沙棘)、

シオガマギク
(馬先蒿 *Pedicularis* sp.)
シオガマギクは、ゴマノハグサ科（またはハマウツボ科）シオガマギク属の草本植物で、チベット自治区全域に109種が生育している。そのほとんどは湿地帯での成長を好む。その花は、色鮮やかかつ多彩で、塔のような形状であり、庭園の草花として知られている。

湿地のカヤツリグサ（莎草 *Cyperaceae*）

カヤツリグサ科植物はすべて草本植物であり、チベットの重要な牧草である。チベット自治区全域で、14 属 120 種余りもの種類がある（そのうち、ヒゲハリスゲ属（*Kobresia*）が 34 種、スゲ属（*Carex*）が 54 種）。チベットの海抜 5600 m 以下の広大な地域に分布。海抜 4000 m 以下の沼沢湿地に成長するカヤツリグサおよび大きなヒゲハリスゲは、季節的に現れる浅い水の中での成長を好み、40 mm に達する。チベット湿地植物群落の優占種群を構成する。

ヤナギ科ヤナギ属植物サリクス・パラプレシア（康定柳）の変種（左旋柳 *Salix paraplesia* var. *subintegra*）、ヤナギ科ヤナギ属植物の一種サリクス・リネアリスティプラリス（筐柳 *Salix linearistipularis*）、ギョリュウ科ミュリカリア属植物の一種ミュリカリア・ロセア（臥生水柏枝 *Myricaria rosea*）等からなる川辺の砂地や湿地の低木群落が生育している。キ・チュ（拉薩河）氾濫原や段丘には、ヨシやガマ等の沼沢群落が生育している。

イワヒバ（巻柏 *Selaginella* sp.）

イワヒバ科イワヒバ属のシダ類の草本植物。その葉がヒノキ科植物の葉に似ていることから中国語名「巻柏」の名がついた。乾燥にきわめて強く、根・茎・葉がひからびて枯れた後に水蒸気に当たるとなお葉を広げ復活することができることから、「九死還魂草」とも称される。

ケラトスティグマの一種
（紫金標 *Ceratostigma* sp.）

ケラトスティグマ（その一種である小藍雪花 *Ceratostigma minus* は根が中国伝統医薬の紫金標となる）は、イソマツ科（ルリマツリモドキ属）の多年生草本植物で、全部で4種ある。チベット東部と南部の海抜4000m以下に分布し、半乾燥で温暖な乾熱河谷地帯に好んで成長する。現地の気候および植物地理の研究に重要な指標植物である。

プリムラ・ワルトニイ（紫鐘報春 *Primula waltonii*）
サクラソウ科サクラソウ属の草本植物。海抜 5300 m 以下の半乾燥低木湿草地に分布。毎年早春に開花し、花は鮮やかで美しく大きい。開花期間は比較的長い。珍しい野生の草花の 1 つである。

湿地のヨシ（葦蘆 *Phragmites australis*）
イネ科ヨシ属の草本植物。チベット高原地域のヨシの分布はやや狭く、主に、キ・チュ（拉薩河）河谷からパンゴン・ツォ（班公錯［湖］；ツォモ・ガンラ・リンポ）一帯にいたる海抜 3800 ～ 4500 m の湖沼・河岸地帯に分布する。チベットのヨシの全長は一般に 60 cm 以下である。

トウヤクリンドウ（高山竜胆 *Gentiana algida*）

リンドウ科リンドウ属の草本植物。リンドウ属植物に属する種の数は全部で100種に達する。チベット自治区東部と南部の海抜5500m以下の高山湿草地・草原地帯に広く分布する典型的な高山草花である。成長期間が短いので、茎と葉が伸びたかと思えばすぐに花をつける。ラッパ管状をした淡い青色の鮮やかで美しい花の長さは、茎葉部とほぼ同じくらいになる。

◀サジー（別名：スナジグミ；沙棘 *Hippophae* sp.）
グミ科サバクグミ（ヒッポファエ）属の木本植物。チベット自治区内海抜5200m以下の地帯に広く分布。チベット自治区には、4種のサジーがある。生育環境の変化によって植物体の生態型のばらつきは比較的大きくなる。海抜の低い地域では、成長して10m余りの大樹となる。木材は透き通るような黄金色で、木目模様もユニークなので、現地のチベット族の人びとはバターを入れる桶の製作にこれを用いる。海抜5000mで成長するサジーは、地面をはうように成長し、あるいは群生し茂みをつくる。背丈はわずか20cm前後で、果実は1つ1つが大きく、海抜の低い地域の2～3倍になる。科学研究対象として高い価値を有する。

オオバリンドウ（秦艽 *Gentiana macrophylla*）
リンドウ科リンドウ属の草本植物。チベット自治区東部および南部の海抜3800m以下の森林低木地帯に分布。高原のオオバリンドウは、花の色が鮮やかで美しく、都市庭園の観賞用の花として非常に有望な種である。

◀トリカブト属植物の一種（雪山一支蒿 *Aconitum* sp.）
トリカブト（その一種である工布烏頭 *Aconitum kongboense* は塊根が中国伝統医薬の雪山一支蒿となる）は、キンポウゲ科トリカブト属の草本植物である。海抜4000m以下の湿草地低木地帯に広く分布。チベット高原地域の雪山特産の貴重な薬材で、背丈は0.3～1.5mに達する。根と茎には毒があり、一般には、内服や食用はできないが、中国およびチベットの伝統医学の薬剤として利用されている。

キンロバイ（金腊梅 *Potentilla fruticosa*）

バラ科キジムシロ属の木本植物。海抜4800m以下の山地に広く分布。生命力が強く、海抜の高い山地では、成長しても背丈はわずか数cmにしかならず、地面をはうように成長する。海抜の低い地域では、成長して背丈が40～50cmに達することもある。毎年5月に満開となり、高山の大地を、黄金色の花が広範囲に彩ることになる。

ソフォラ・モールクロフティアナ（沙生槐 *Sophora moorcroftiana*）

マメ科ソフォラ属（クララ属）に属する木本植物。高さ40～60cmに達する、日照りによる乾燥に強い低木である。南チベット地域の海抜4400m以下の乾燥沙漠地帯に自然分布する。水と土を保持し、沙漠化を防ぐという重要な生態的価値がある。以前は、農牧民がこれらの植物を伐採して薪にしていたが、近年、関係林業部門は、分布地域の脆弱な生態環境を保護するため、みだりに伐採することを規制している。ソフォラ・モールクロフティアナは抵抗力が強く、現地の生態環境の保護と回復において、非常に重要な自生植物種である。

動物

中国の動物地理区画において、この地域は、旧北区――青海チベット区――チャンタン高原亜区――南チベット山地小区に属する。南チベット湖盆地域は、キャン（チベットノロバ）、チベットガゼル、チベットセッケイの自然分布する最南端の生息地である。毎年夏には、ヤムドク・ユムツォ（羊卓雍錯［湖］）でたくさんのインドガン、チャガシラカモメ、アイサ、アカツクシガモ、カンムリカイツブリ、シギ類等の水鳥が繁殖する。この地域は、これらの水鳥にとってチベット高原の最南端の繁殖地でもある。ヤルン・ツァンポ（雅魯蔵布［江］）中上流河谷において、温暖で広々とした河谷地帯は、稀少動物であるオグロヅルやインドガン等渉禽類の理想的な越冬地である。オグロヅルの場合、ここで越冬する数は、現在およそ総数の 4/5 以上を占めている。絶滅危惧に瀕しているアカシカ（チベット亜種）はサンリ（桑日）県増期郷一帯に小さな群れが残存するのみである。その他、絶滅のおそれのある稀少動物として、ヤマジャコウジカ、クチジロジカ、スマトラカモシカ、アルガリ（チベット亜種）、ヒマラヤヒグマ、ヒョウ、ユキヒョウ、カワウソ、チベットシロミミキジ、チベットセッケイ等が挙げられる。

この地域には、全部で脊椎動物 182 種が生息し、内訳は、魚類 19 種、両生類 2 種、爬虫類 3 種、哺乳類 41 種、鳥類 117 種である。

カワウソ（水獺 *Lutra lutra*）
中国語別名：獺猫、獺子、水狗
チベット自治区全域の河川あるいは淡水湖周辺地帯に分布し、主に、魚類が多い河川や湖や渓流地帯に生息する。イタチ科動物の中でも水辺に生息する獣類であり、昼間は休み、夜に活動する。泳ぎや潜水が得意で、地上を素早く走ることもできる。視覚と聴覚がともに鋭敏で、一般に単独で狩りに出る。1 年に 2 回繁殖期があり、通常 1 回に 2 匹の子を産む。現在、国家およびチベット自治区の二級重点保護動物に指定されている。

◀バーラル（岩羊 *Pseudois nayaur*）
中国語別名：石羊、崖羊、藍羊
チベット自治区においては、山地の森林内には生息していないが、それ以外の地域には分布がみとめられる。生息地の海抜は3000 ～ 6000m。通常、むき出しの岩肌だらけの山地や谷の草地で活動し、きまった生息場所や通り道はない。視覚と聴覚はともに鋭敏で、行動はすばしこく、岩登りはお手のものである。群れをつくって生活することを好み、各群れの規模は、少なくて数頭、多ければ100頭を超える。冬から春にかけてが発情期にあたり、翌年の6～8月に出産する。通常、1度に1頭の子どもが産まれる。現在、国家およびチベット自治区の二級重点保護動物に指定されている。

チベットノウサギ（高原兔 *Lepus oiostolus*）
中国語別名：灰尾兔、絨毛兔
チベット自治区内に広く分布。生息地の海抜は2700 ～ 5200m。常に高山湿草地、高原草原、沙漠草原、森林、低木地で活動する。明け方と日暮れ時、そして夜中に活動が活発化する。イネ科植物を主に食する。発情期は、おおよそ5月にはじまり、1度に1～2羽の子どもが産まれる。

◀チベットアカシカ
（西蔵馬鹿 *Cervus elaphus wallichi*）
中国語別名：西蔵紅鹿、紅鹿、錫金紅鹿
アカシカのチベット亜種。ロカ（山南）市のサンリ（桑日）、ツォナ（錯那）、ロダク（洛扎）、ルンツェ（隆子）等の地域にのみ分布。歴史的には、ネパールやブータン、中国チベット自治区東南部の地域に広く分布していたこともあるが、長年にわたる狩猟による殺生で、1940年代には自然資源防衛協議会（NRDC：Natural Resource Defense Counsel）により、「絶滅の可能性」がある動物に指定されている。1994年11月に、サンリ（桑日）県ヤルン・ツァンポ（雅魯蔵布［江］）北岸でなお200頭余りのチベットアカシカが生存していることが確認され、現在、中国国内や海外の関連機関および生物学界の広い関心を集めている。

クチジロジカ（白唇鹿 *Cervus albirostris*）
中国語別名：白鼻鹿、扁角鹿
ナクチュ（那曲）市東部と、チャムド（昌都）市およびルンドゥプ（林周）、ギャツァ（加査）、メルド・グンカル（墨竹工卡）、コンポギャムダ（工布江達）、サンリ（桑日）等の地域に分布。生息地の海抜は、3500 ~ 5200 m で、寒さに強く暑さをきらうことから、針葉樹林周辺の低木密生地や高山草原帯に多く活動する。群れをなして生活することを好み、毎年秋の終わりから冬の初めが発情期となる。メス鹿は、翌年の夏に出産するが、このときオスとメスは離れて活動する。一般に決まった生息地をもたず、角が伸びる時期には、常に小さな群れをつくって活動する。国家およびチベット自治区の一級重点保護動物に指定されている。

アカツクシガモ（赤麻鴨 *Tadorna ferruginea*）

中国語別名：黄鴨

チベット自治区の各地に広く分布し、河川や、湖や、森林水域や、沼沢水域に生息する。泳ぎも飛行も得意である。日中は通常、単独あるいはペアで活動するが、群れをつくって活動する現象も見られる。警戒心が強く、人が200mの距離まで近づくとすぐに羽ばたき飛び立つ。毎年5～6月に繁殖期に入る。その繁殖地の海抜は5000mを超える。巣ごとに6～12個の卵を産み、卵の色はアイボリーで斑点はなく、メス鳥が抱卵中には、オス鳥は巣穴付近の見張りを担当する。孵卵期間は30日間前後である。現在、チベット自治区の二級重点保護動物に指定されている。

チベットセッケイ
（蔵雪鶏 *Tetragallus tibetanus*）

中国語別名：雪鶏、淡腹雪鶏

ほぼチベット自治区全域に分布。海抜2500～6000mの、むき出しの岩石や、まばらな低木の茂みや、高山湿草地帯に生息し、一般に森林に赴くことはない。群れをつくって生活することが多く、通常3～5羽、多いときは数十羽の群れをなす。逃走時の足取りはよろよろとしたものだが、びっくりすると翼を広げて飛び立つ。毎年5～7月に産卵繁殖し、巣ごとに6～7個の卵を産む。孵卵期間は27日間である。現在、国家およびチベット自治区の二級重点保護動物に指定されている。

◀**チベットヤマウズラ（高原山鶉 *Perdix hodgsoniae*）**
中国語別名：呱呱鶏、沙伴鶏、小山鶉、山鶏
チベット自治区には広く分布しており、ほぼ全域をカバーする。海抜 3500 ～ 5000m の高山草原、半沙漠草原、草原低木密生地および乾燥した谷間地帯に生息する。群れをなすことを好む習性で、多くが 10 ～ 30 羽の群れをなして活動する。走るのは得意だが飛ぶのは不得手である。干渉されると、走りながら「ガラ、ガラ」と鳴き声を上げ、一目散に逃げていく。毎年 5 ～ 9 月に繁殖し、巣ごとに 4 ～ 7 個の卵を産む。

トラフズク（長耳鴞 *Asio otus*）
中国語別名：長耳猫頭鷹
チベット自治区の東部・南部・中部の各地域に分布。夜行性猛禽類に属し、多くは夜の 9 時前後に活動を開始する。毎年 4 月に繁殖期間に入る。各種の害虫、害獣のネズミを食することで有名な「農林護衛兵」である。現在、国家およびチベット自治区の一級重点保護動物に指定されている。

◀**ムネアカマシコ（紅胸朱雀 *Carpodacus puniceus*）**
体長約 20cm 前後、体重約 40 ～ 50g。チャンタンを除くチベット自治区内の大部分の地域に分布し、4000m 以下の高山、沙漠、草原、林縁、低木密生地や、人の居住地域に生息する。ペアをつくって活動することが多い。食物は、草の種や植物の葉や果実等である。重要な観賞用鳥類である。

クロハゲワシ（禿鷲 *Aegypius monachus*）
中国語別名：座山雕、銘頭雕
チベット自治区全域に広く分布し、海抜2000～5000m前後の高山、高原、沙漠地帯に生息する。多くが単独で活動し、食物を発見すると、集まって大群をなすことがよくあり、多いときには100羽以上が集まる。毎年3月に繁殖期間に入る。巣ごとに1～2個の卵を産む。クロハゲワシは、各種動物の死体を食物とするので、「大自然の清掃者」と呼ばれている。現在、国家およびチベット自治区の二級重点保護動物に指定されている。

◀オオノスリ（普通鵟 *Buteo hemilasius*）
中国語別名：土豹
チベット自治区各地に広く分布し、山地、草原、森林地帯に生息する。最も標高の高いところでは、海抜4000mに達する。通常、1羽単独で、もしくは4～5羽の小さな群れをなし活動する。視力と聴力は鋭敏で、性格は警戒心が強い。齧歯（げっし）動物であるナキウサギやタルバガン、トカゲ類、小鳥等を捕獲して食する。毎年4～6月に産卵繁殖する。巣ごとに2～4個の卵を産む。8月には幼鳥が巣立っていく。現在、国家およびチベット自治区の二級重点保護動物に指定されている。ワシントン条約附属書IIの保護リストに登録されている。

オンセンヘビ（温泉蛇 *Thermophis baileyi*）
ラサ（拉薩）、ギャンツェ（江孜）、コンポギャムダ（工布江達）、ダムシュンヤンパチェン（当雄羊八井）、ナムリン（南木林）、シェンツァ（申扎）等の地域に分布。海抜 3960 ～ 4700m の温泉に近いところで生活し、小魚および高山蛙を食する。卵生である。チベット自治区の内陸高原で発見された唯一のヘビ類の種であり、中国のヘビ類における垂直分布が最も高い種でもあり、重要な学術上の意義を有する。

オグロヅル（黒頸鶴 *Grus nigricollis*）
中国語別名：蔵鶴、仙鶴
チベット自治区の北チャンタンを除く各地に広く分布。冬には、海抜 3600 ～ 4300m のチベットの中部および東南部で冬を越し、夏には、北チベットで産卵繁殖する。越冬する個体群は、基本的に 2 羽の成鳥がその年孵化した幼鳥を 1 ～ 2 羽つれている構成である。多くのオグロヅル家庭群が一定の範囲内で活動する。調査によれば、チベット自治区南部は、オグロヅルの主要な越冬区であり、個体数は、7855（± 1448）羽、世界におけるこの種の個体数のおよそ 80% を占めている。オグロヅルは、チベット高原の固有種であり、高い観賞価値と研究価値とを有する。現在、国家およびチベット自治区の一級重点保護動物に指定されている。

高山蛙（*Altirana parkeri*）

中国語別名：高原蛙、無声蛙

チャムド（昌都）市、ニンティ（林芝）市、ロカ（山南）市、ラサ（拉薩）市、シガツェ（日喀則）市の各県、およびナクチュ（那曲）市の東部各県、ならびにシェンツァ（申扎）県、ンガリ（阿里）地区の西部に広く分布。海抜 2800 ～ 4700 m の湖や河川の近くで生活する。活動時でもそれほど活発に活動するわけではなく、5 ～ 8 月に産卵する。高山蛙は、環境汚染に対して比較的敏感なので、生態環境変化の情報を提供してくれる重要な動物である。

チベットトノサマバッタ
（西蔵飛蝗 *Locusta migratoria tibetensis*）
昆虫類に属する。チベット自治区のシガツェ（日喀則）、ラサ（拉薩）、ダクイプ（巴宜）、チャムド（昌都）、ンガリ（阿里）等の地域に分布。農業生産に危害を及ぼす主要なバッタ類である。バッタ科（またはトノサマバッタ科）の昆虫である。チベット自治区全域で150種前後が確認されており、チベット農牧業生産において深刻な爆発的被害を生じさせる害虫の1つである。

◀ヒマラヤトカゲのラサ亜種（喜山鬣蜥拉薩亜種 *Agama himalayana sacra*）
中国語別名：四脚蛇
ラサ（拉薩）市、ニンティ（林芝）市、ロカ（山南）市、シガツェ（日喀則）市の各地に分布。海抜2100～4100mの山岳地帯で生活する。晴れた日の昼頃に巣穴を出て、断崖絶壁や採石の隙間で活動することが多い。昆虫を補食し、植物、微生物、若葉、花や果物も食べる。毎年6～7月に繁殖し卵を産む。

ヒマラヤマーモット（喜馬拉雅旱獺 *Marmota himalayana*）
中国語別名：雪猪
チベット自治区全域にまんべんなく分布。生息地の海抜は3500～5200mで、通常、高山草原、高原湿草地、高山湿草地草原等の環境で活動する。群居性動物であり、昼間に活動し、明け方と日暮れ時は活発である。草本植物を食する牧草地の最大の破壊者であり、自然界の疫病感染源の主要な保菌者でもある。毎年1回、約4か月間交配期間がある。6～7月が出産期で、毎回4～5匹の子を産む。

V．北チベットのチャンタン高原地帯

自然地理

ゴラタントン（各拉丹冬）雪山

青海省とチベット自治区の境界付近に位置し、主峰は海抜6621mある。山の東側の山腹を水源とする河川は合流して長江の上流域にあたるトト（通天）河となり、山の西側山腹の河川は合流して北チベットチャンタン地域最大の内陸河川であるツァキャ・ツァンポ（扎加蔵布［江］）になる。ゴラタントン雪山は、チャンタン地域の東部を取り囲む山脈であるタン・ラ（唐古拉）山脈の主峰である。1年を通じて雪が積もり、雲をかぶっており、主峰と青空が同時に現れるのを見ることは非常に難しい。山の周囲には非常に多くの氷河があり、ここ十数年は、地球の大気の温暖化が原因で氷河の氷舌は絶えず後退している。

チャンタン高原地帯はチベット高原の北部に位置する。四方は、東はタン・ラ（唐古拉）山、南はガンディセ（岡底斯）山脈――ニェンチェン・タン・ラ（念青唐古拉）山、西はカラコルム山、北はクヌ・ラ（崑崙山）――フフシル（ココシリ）山脈にそれぞれ囲まれ、基本的に外部から遮断された高原となっている。主な行政管轄区は、ンガリ（阿里）地区全域7県（ツァンダ、ガル両県の少数の地域を除く）と、ナクチュ（那曲）市のニマ（尼瑪）、ツォニー（双湖）、ペングン（班戈）、シェンツァ（申扎）、アムド（安多）、ニェンロン（聶栄）、セニェ（色尼、ここではその大部分）の7区県とをカバーする。その総面積は、約64万km^{2}余り、平均海抜は4500～5000mである。山々の多くは山頂高度が海抜5800～6000mの間で、雪線以上にそびえる峰には1年中雪が積もり、大小さまざまな氷河が形成されている。これらの峰は、長期にわたる氷河の浸食により、地形は険しく、急峻な峰が林立している。山麓と盆地には、古氷河の浸食・堆積作用により形成されたモレーンの台地や丘陵およびモレーン堆積地形が各地に見られる。高山氷河の形成に伴って補給される河川流は、坂を下り山麓盆地に形成された多くの大きな湖に注ぎ、高山に深い谷を切り出し、山脈を横切る重要な通り道になっている。この地域の北部と南部は、地形と気候においてだいたい次のような違いがある。

(1) 北チャンタン

北緯33°（30°30′）線以北の地域である。高原は海抜4700～5000mの間で、主に、一連のなだらかな山と丘陵と盆地からなり、地形は波打つように起伏している。山と丘陵の間には広い谷と盆地がある。広大で平坦なレークプレーン（lake plain）には、まだ多くの塩類濃度の高い湖が残っている。ごくまれな例外を除けば、ほとんど

氷柱

北チベットには、雪山氷河地域であれば、珍しくないのが氷柱である。ここ十数年、チャンタン地域では、多くの古氷河が地球の大気の温暖化の影響を受け、絶えず融解している。融け去る過程で、氷塊は、風や光に晒され、日差しの角度および埃や砂石等の固体物質の影響を受けることで、氷柱、氷塔、氷洞、ソフトクリーム状などさまざまに異なる形態の氷を形成している。

北チベットのンガリ（阿里）地区ランチェン・ツァンポ（象泉河）河畔の仏塔群

の湖は塩分濃度が高すぎるため、水草や魚類が生存できず、飽和状態に達して干上がってしまう塩湖すらある。河川の流れの多くは季節河川であり、しかも、砂礫質の河床ゆえに水がしみこむのが速いところも多く、ほとんどは、水量が比較的少なく、地下水脈となって湖に注ぐことも多い。

湖を取り囲む環状地形

湖周囲の環状地形は、チャンタン地域の多くの大きな湖でよく見られる特殊な現象である。数万年前、チャンタン南部の多くの湖は互いに繋がった内海であり、大量の水分が絶えず蒸発することで、内海は次第に分割されて多数の大小の湖となった。湖を取り囲む環状地形は湖水が絶えず後退していった痕跡である。自然科学者たちは、これらの環状の痕跡の間の距離を通じて、歴史上の多くの地理現象や気候現象や動植物の変遷や分布の規則等を研究している。

(2) 南チャンタン

主に、ガンディセ山脈の北側にある一連の高山およびその間にはめ込まれるように形成された湖盆地帯からなる。尾根は一般に海抜6000m 以下にあり、最も高い峰は6750m である。湖面の海抜は4500 ~ 4700m ほどにすぎないので、山並が雄大で、河谷や湖盆が奥深いのは変わらない。湖畔の平原は広大で、河川や湖や沼沢が密に分布し、互いに連通し、内陸河川と湖沼からなる閉鎖性水域を形成し、季節河川は比較的少ない。沼沢地の海抜はすべて4650 ~ 4750m の間であり、沼沢や湿草地が比較的よく形成されている。局所的に、比較的温暖湿潤な微気候環境が出現する。冬は寒く、夏は涼しい。湖には水草が繁茂し、魚類が非常に多い。チベット最大の湖であるナム・ツォ（納木錯［湖］）と2番目に大きいセリン・ツォ（色林錯［湖］）はこの地にある。

この地域は、チベットで最も人口密度の低い地域であり、これまであまり開発が進んでいないので、原始的な自然景観がほぼ完全に保たれ、標高が高く寒冷な地域に特有の野生動物資源が豊富である。この地域のチルーや野生のヤクやキャン（チベットノロバ）等の動物の生存基本条件を守るため、面積の大きな3つの自然保護区がすでに設立されている。すなわち、チャンタン自然保護区、セリン・ツォ（色林錯［湖］）自然保護区、ナム・ツォ（納木錯［湖］）自然保護区であ

マーナサローワル湖（マパム・ユムツォ；瑪旁雍錯［湖］）
チベット中西部に位置する、湖面の海抜4586m、湖水面積412km^{2}のチベット最大の淡水湖。湖内では多くの魚が群遊し、湖畔の湿地は夏になると水鳥たちで賑わう。マーナサローワル湖はインド等の地域において仏教徒たちが崇拝する聖なる湖であり、毎年大勢の巡礼者がここを訪れる。

北チベットのンガリ地区トリン・ゴンパ（托林寺）周辺の地形

り、その総面積は約32万8900 km^2 に及ぶ。そのうち、チャンタン自然保護区（北チャンタン；面積29万8000 km^2）は、現在の中国で最大の自然保護区であるとともに、世界の陸地生態系における最大の自然保護区でもある。

河川の源流

チベット高原は、多くの科学者たちにアジア大陸の「水源」と呼ばれている。東部に源を発する河川には長江と黄河があり、東南部に源を発する河川には瀾滄江（ザ・チュ；メコン川上流）と怒江（ギャモンギュ・チュ；サルウィン川上流）があり、南部に源を発する河川にはヤルン・ツァンポ（雅魯蔵布［江］；下流のインド領域内でブラフマプトラ川となる）があり、西部に源を発するコンチェ・ダリヤ（孔雀河）とセンゲ・ツァンポ（獅泉河）とランチェン・ツァンポ（象泉河）は、インド最大の河川であるインダス川の上流であり水源でもある。水源地域は、原初的かつ清浄なる地であり、科学者たちに「世界最後の清浄なる土地」と呼ばれている。

カン・リンポチェ（岡仁波齊）神山（カイラス山）

チベット西北部に位置し、ンガリ（阿里）地区プラン（普蘭）県内に位置する。峰は海抜 7000m 余りあり、1 年中真っ白な氷雪が保持される。チベットの海抜 7000m 以上の雪山はとりたてて珍しくはなく数百以上あり、8000m を超える雪山も 10 余り存在するが、カン・リンポチェ山は、長年にわたり仏教徒たちの神山として信仰され、毎年多くの巡礼者が訪れ、参拝とコルラ（巡礼）をおこなって息災と魔除け、福運と長寿を祈念する。カン・リンポチェ神山の山頂は、1 年中瑞雲がたなびいているので、その「御尊顔」を拝することは難しく、現地の遊牧民は、福禄に恵まれ勤勉で善良な人でなければ、その御姿を拝見する僥倖に与れぬのだ、と深く信じている。

ニェンチェン・タン・ラ（念青唐古拉［山］）

北チベットのチャンタン高原東南部辺縁に位置するニェンチェン・タン・ラ山系は、今から約 1 億 3000 万年前の中生代燕山運動末期の褶曲によりつくられ、同位体年代にして 7900 万年前、現成氷河の外縁にあって、多数回におよぶ古氷河の作用の痕跡が残されている。山脈の平均海抜は、5600m 以上、最高峰は 7000m 余りに達する。山はチベット東南部の湿潤気流地域にほど近く、そのため毎年のように大量の個体降水が雪山と氷河に加わり、融けた雪水は、西に向かえばチャンタンの内陸湖に注ぎ、東南に向かえばブラフマプトラ川（ヤルン・ツァンポ；雅魯蔵布［江］）とサルウィン川（ギャモンギュ・チュ；怒江）の上流河川域に流入する。

二色の湖

北チベットチャンタン地域東部に位置する。湖面海抜は4700m。2つの湖は、広さわずか10m余りほど、長さ約500m余りの砂礫からなる帯に隔てられている。東側の濃紺色の湖は、水中のミネラル（塩類）含有量が高く、ほぼ塩湖であるといえる。西側の湖は色がやや薄く、湖水がおおむね淡水の淡水湖である。現地の遊牧民によれば、100年前、ここにあったのはやや大きな湖1つだけだったが、未曾有の氷河運動があって、土石流が湖を2つに分けたのだという。以後、西側の湖内には絶えず雪山の水が流入補充される一方、東側の湖は水の補給が途絶えたので、家畜や野生動物の多くは西側の湖の周りで活動するようになった。

▶地熱温泉

チベット北部のチャンタン高原には、比較的大きな地熱帯が300余り発見されている。よくある温泉〔温水湧出地：45℃以上の熱水泉や90℃以上の沸泉を含む〕以外に、噴気孔や沸騰泥泉等もある。温泉が発散する湯気は、周囲の小気候の温度を保ち、チャンタンの大地が厳しい寒さに襲われるシーズンになり氷雪が覆うようになっても、温泉周辺は依然として青々とした草が繁茂し、蚊が飛び交う。チベットの電力事業部門では、すでに、ラサから90kmの距離に位置するヤンパチェン（羊八井）で地熱を利用した発電をおこなっている。

シェンツァ（申扎）湿地

北チベットのチャンタン大地の南部は、別名南チャンタン地域とも呼ばれ、平均海抜は4700m余りに達する。南チャンタン地域は湖が非常に多く、河川が貫流し、沼沢湿地が広範囲に連なる、チャンタンでも生物多様性が最も豊かな地域である。シェンツァ湿地は、チベットで2番目に大きい湖セリン・ツォ（色林錯［湖］）の湖水地方の範囲内にあり、南側には海抜6444mの甲崗山の雪山があり、融けた雪水が絶えずこの湿地を潤している。毎年4～5月には、南チベットから渡り鳥が続々と飛来し湿地に集まり、繁殖し雛を育てる。

植物

スティパ・プルプレア（紫花針茅 *Stipa purpurea*）
イネ科ハネガヤ属（スティパ属）の草本植物。海抜4000m前後の高原沙漠草原地帯に多く分布。北チベットのチャンタン草原地域の、スティパ・プルプレアを優占種とする植物群落はよい牧草地であり、家畜および多くの草食野生動物が好んで食する。

北チャンタンの植生類型は、非常にシンプルで、標高が高く寒冷な荒漠とした草原を主とした地形なので植物種の構成も単純である。山間部の植生の垂直分布帯もきわめてシンプルで、通常はイネ科ハネガヤ属（スティパ属）植物の一種スティパ・プルプレア（紫花針茅 *Stipa purpurea*）が育つ標高が高く寒冷な草原地帯である。そのうち、上部には、カヤツリグサ科スゲ属植物の一種カレックス・モールクロフティ（青蔵苔草 *Carex moorcroftii*）が主に育つ標高が高く寒冷な湿草地や草原があり、一部の暗く湿気の多い山の斜面には、まばらな高山湿草地の群生地もあり、標高が高く寒冷な草原地帯の2つの亜帯を形成している。被度は20 ～ 50%である。海抜5300m以上の地域は高山周氷河植生であり、被度は5%前後である。季節河川の砂利の河原には、ギョリュウ科ミリカリア属植物の一種ミュリカリア・プローストラータ（匍匐水柏枝 *Myricaria prostrata*）や、バラ科キジムシロ属植物の一種ポテンティッラ・フルティコーサ（伏毛金露梅 *Potentilla fruticosa* var. *arbuscula*）など小さな植物が草地のように密生する低木地を形成している。

南チャンタンの植生類型は高山草原であり、一部地域に限って狭い高山湿草地が現れる。支配的な種の主なものとしては、スティパ・プルプレア（紫花針茅 *Stipa purpurea*）があり、イネ科オリヌス属植物の一種オリヌス・トロルディー（固沙草 *Orinus thoroldii*）やイネ科のトリケライア（三角草 *Trikeraia* sp.）などとともに生えている。被度は40 ～ 50%である。沼沢湿草地の被度は60%以上で、多くは、苔が叢生しているか塊状に分布している。沼沢地帯には、背の高いスゲハリスゲ属類が成長して草叢をなしているところが多くあり、この草叢は、オグロヅル（黒頸鶴 *Grus nigricollis*）が巣をつくり敵から身を隠す好適地である。沼沢内に成長する水生植物には、アカネ科アカネ属植物の一種アカミノアカネ（中国伝統医薬の「紅線草」の原料となる茜草 *Rubia cordifolia* L.）、キンポウゲ科キンポウゲ属植物の変種バトラキウム・ブンゲイ（黄花水毛茛 *Batrachium bungei* var. *flavidum*）などがあり、水生小動物とともに、オグロヅルの貴重な食物となる。

沙漠地帯のスゲ属植物（*Carex* sp.）
カヤツリグサ科スゲ属の草本植物であり、地域全域で54種に達する。海抜4000m以上の沙漠地帯に多く分布する、北チベットのチャンタン地域でも生命力が非常に強い植物である。成長しても背丈はわずか10cm余りで、葉の表面はやや硬く、硬い草を食する野生のヤクにとってはごちそうである。年に1度のスゲの成長ペースは非常に速く、成長サイクルは全体でわずか1か月余りである。

近年の科学者の研究記録によれば、チャンタン地域には、種子植物40科、147属、470種余りが育つ。そのうち、キク科植物171種、イネ科51種、アカザ科12種、マメ科28種、カヤツリグサ科21種、シソ科16種、キンポウゲ科19種、バラ科10種、ゴマノハグサ科13種、アブラナ科33種である（劉務林，1999）。各種植物はそれぞれ異なる生活様式をもって、乾燥し、寒冷で、成長に適した期間が短い高原の気候に順応して、低温乾燥に強い生態習性を備えている。ほとんどの植物は葉の面積が縮小し棘状になり、毛に覆われ、成長しても背丈が低く、茎は短く、花は大きい。群生するか、ハスの花托に似た形状または浮葉状で、単位面積あたりの生物生産性がやや低い。

高原のメコノプシス（高原緑絨蒿 *Meconopsis* sp.）
ケシ科メコノプシス属の草本植物。北チベットのチャンタン大地の海抜4600m以上の高原や、標高が高く寒冷な地帯に分布。有名かつ貴重な花の1つである。成長すると高さは10cm余りに達する。花の色は鮮やかで美しく、遊牧民たちはこれを「高原の牡丹」と呼ぶ。その葉は、標高が高く寒冷で乾燥し、日あたりのよい環境条件下で、水分蒸発を抑えるため多くが退化して棘状化しており、風の抵抗を減少させるため背丈は低い。生殖器官が栄養器官よりも大きく、鮮やかで美しい花の色が、繁殖を早めようと、昆虫を誘引しその受粉を促す。

▶ロディオラ・クワドリフィダ
（四裂紅景天 *Rhodiola quadrifida*）
ベンケイソウ科イワベンケイ属の多年生草本植物。海抜4500m以上の高原に分布。高原の生育環境に適応するために、植物体の茎と葉が極度に退化収縮している。群生状態で成長し、地面をはうように伸びる。チベット自治区全域で40種類余りのイワベンケイが確認されており、そのうち最も背が低く小さいのがロディオラ・クワドリフィダである。

アレナリア・ブリュオピュッラ（癬状雪霊芝 *Arenaria bryophylla*）

中国語別名：苔状蚤綴（コケ状のノミノツヅリ）

ナデシコ科ノミノツヅリ属の草本植物。海抜4200～5400mの高原、高山地帯に分布。植物体の地上に出ている部分は、半円球形を地面に伏せたような形状で、円球面上にたくさんの小さな花を咲かせ、1年に1度の成長サイクルを最短の時間で完結させるべく努めている。

インカルヴィレア・ヤングハズバンディー
（蔵菠萝花 *Incarvillea younghusbandii*）
ノウゼンカズラ科ハナゴマ属の草本植物。海抜 5400m 以下の半乾燥沙漠地帯に分布。植物形態状のばらつきが大きく、特に、北チベットチャンタン沙漠地域において、特色ある形態が見られる。花の色は鮮やかで美しい淡紅色で、花のかたちはラッパ管状である。毎年 5 ~ 7 月に開花し、開花時の花の体積が茎と葉をあわせた部分の体積よりも大きい典型的な高山顕花植物である。

トウヒレン
（雪蓮花 *Saussurea* sp.）
キク科トウヒレン属の草本植物。チベット自治区海抜 4500m 以上の高山雪線付近に広く分布。標高が高く寒冷な地域の生活環境に適応するため、植物形態は極端に退化しており、成長しても背丈はわずか数 cm から 30cm にしかならず、地面にぴったりとはりつくか、石の間隙を縫うように伸びる。葉は退化してとても小さく、多くは綿毛に覆われ、そこから花だけが伸び出てくる。

イモガンピ（甘遂 *Stellera chamaejasme*）

和名別名：クサナニワズ、オトメガンピ、クサジンチョウ

ジンチョウゲ科イモガンピ（*Stellera*）属の草本植物。海抜 5000m 以下の地帯に分布。多く小石の砂利浜や、湖畔や河口近くの砂浜の痩せた土壌で成長する。植物群落における優勢種である。牧畜業からみれば毒草ではあるが、沙漠の植生にあっては貴重な地被植物でもある。

▶アストラガルス・アルモルディー
（団墊黄耆 *Astragalus armoldii*）
マメ科ゲンゲ属の多年生草本植物で、海抜4600m前後の高原高山地帯に分布。まとまって生えてクッションのようになって、矮化し地面をはうように成長する。典型的な高原生態型植物である。

イリス・ポタニニー（巻鞘鳶尾 *Iris potaninii*）
アヤメ科アヤメ属の草本植物。海抜5300m以下の高山高原地帯に分布。シャガ（胡蝶花）とは同じファミリーに属する。イリス・ポタニニーは、その生育環境の特殊性から、地面にこんもりと集まって成長する矮化植物となった。成長しても丈は10cm余りにしかならないが、花は長さ6～8cmに達する。

▶チベット・サジー（西蔵沙棘 *Hippophae thibetana*）
グミ科サバクグミ（ヒッポファエ）属の木本植物。チベット自治区には全部で4種のサジーがあり、自治区全域にわたる各地に分布するが、チベット・サジーは、海抜4500～5000mの高原高山環境にのみ分布する。チベット・サジーは、生態型が非常に特殊で、海抜の低い地域の10mに達するような大樹になる高木のサジーとは大きく異なる。チベット・サジーの葉は、灰色の厚い毛に覆われ、葉のかたちは、丸く細長い。果実は、1つずつ枝葉の間に実を結び、高木のサジーの実とくらべて3～4倍の大きさがあり、果実が枝にすずなりになる高木のサジーとはまったく異なる。

マッシュルーム
（双胞蘑菇 *Agaricus bisporus*）
中国語別名：草原蘑菇、草原白蘑
ハラタケ科ハラタケ属の菌類植物。多くは海抜 4600m 以下の高山湿草地地帯に分布。新鮮な菌傘は白色を呈するが、熟すかやや乾燥状態になると黄色くなる。毎年夏、7月に、北チベット草原の雨季が到来すると、マッシュルームも新たな成長サイクルをスタートさせる。

ミュリカリア・プロストラータ（匍匐水柏枝 *Myricaria prostrata*）
ギョリュウ科ミュリカリア属の木本植物。海抜 4500m 以上の高原の河原や川辺に広く分布。かつては、多くの人が、チベットの森林低木は東南チベットのみに分布する、と誤解していたが、最近十数年の調査を経て、北チベット高原のチャンタン大地にも広大な面積にわたり低木の茂みが育っていることがわかってきた。その中でも、最も広く分布しているのがミュリカリア・プロストラータである。ミュリカリア・プロストラータは、根系が発達しており、1m 余りの深さに達する。地上部分は、40 ～ 60cm であり、多くははうように成長する。

アリウム・カロリニアヌム（鎌葉韮 *Allium carolinianum*）
ユリ科（またはヒガンバナ科ネギ亜科）ネギ属の草本植物。海抜4600mの高山・高原に分布。この野生種のニラは、辛味と風味が栽培種のニラを上回る。わずかだが毒があり、食べすぎてはいけない。

動物

オオカミの子ども

中国動物地理区画において、この地域は、東洋区——青海チベット区——チャンタン高原亜区——チャンタン高原小区に属する。東南から西北に向かい、低地から高地へ気候条件が劣悪になるにしたがい、植生はまばらになり、動物種も少なくなる。鳥類105種、哺乳類24種、爬虫類3種、両生類1種、魚類15種が生息し、昆虫は340種に達し、節足動物は20種余りに達することが知られている（劉務林，1999）。主な稀少動物としては、獣類のオオカミ、キツネ、ヒグマ、オオヤマネコ、ユキヒョウ、キャン（チベットノロバ）、野生のヤク、チルー、アルガリ、チベットガゼル、バーラル等や、鳥類のチベットセッケイ、チベットサケイ、オグロヅル（夏季）、インドガン（夏季）、クロハゲワシ、チョウゲンボウ、ソウゲンワシ、ヨーロッパノスリ、多種のユキスズメ属や、爬虫類のチベットガマトカゲ等が生息する。高山蛙は、高原内部に生息する唯一の両生類であり、南チャンタンでしか見ることができない。北部のほとんどの湖は、水質のミネラル（塩類）濃度が高いため、すでに、魚類は生存していないが、南部のツァキャ・ツァンポ（扎加蔵布［江］）、ポツァン・ツァンポ（波倉蔵布［江］）、セリン・ツォ（色林錯［湖］）、パンゴン・ツォ（班公錯［湖］；ツォモ・ガンラ・リンポ）等の河川や湖には魚類が豊富に生息している。この地域の広大な湖や沼沢湿地は、オグロヅル、インドガン、チャガシラカモメ、ウ（鵜）、アカツクシガモ、シギ類等の渉禽類にとり、夏季の重要な繁殖地域である。オグロヅルは、唯一高原沼沢に生息するツル類である。中国全土の半数以上のオグロヅルが、夏になるとチベットのチャンタン地域で繁殖し、秋になるとチベットの南部地域に渡り越冬する。チベット高原特有の鳥であるインドガンは、その8割が夏になるとこの地域で繁殖し、毎年9月になると、南チベットの河谷地帯に渡り越冬する。野生のヤクとチルーとキャンは、チベット高原を代表する固有の大型動物である。現在、世界に生息する野生のヤクの8割、チルーの7割以上、キャンの7割が、チャンタン高原地域に分布している（George B. Schaller, *Wildlife of the Tibetan Steppe*, 1998）。

オオカミ（狼 *Canis lupus*）
チベット自治区全域に分布するが、南部の密生した森林ではあまり見られない。多くは、樹木が密生せず広々とした、あるいは人家の少ない草原および沙漠地帯で活動する。冬の終わりから春の初めにかけて繁殖し、1度に3～8匹の子どもが産まれる。オオカミは、一般に「草原の清掃人」と認められているように、オオカミの群れの存在が、一部の動物および個体群の健全な発展に寄与している。今日まで、チベットのオオカミが人を殺したり傷つけたりしたことは報告されていない。

ヒグマ（棕熊 *Ursus arctos*）
中国語別名：馬熊、蔵馬熊
チベット自治区のほとんど全域に分布するが､東チベット、北チベット、西チベットに多く見られる。生息地は海抜3500～5000mである｡生息環境に対する適応能力は高く、多くは、山間の谷や、山の日向斜面や、川辺、食物の豊富なところ、集落周辺で活動する。嗅覚は鋭く、動作はにぶいが、木に登ることも泳ぐこともできる。雑食性で、発情・交配期は毎年およそ5～6月で、約7～8か月の妊娠期間を経て、1度に1～2頭の子どもを産む。ヒグマの生態的価値は高く、近年の研究によれば、ヒグマは、主にネズミ類やマーモットを補食することで、草原の生態バランスの維持に重要な役割を果たす益獣であることが実証されている。現在、国家およびチベット自治区の二級重点保護動物に指定されている。

▶クチグロナキウサギ（黒唇鼠兔 *Ochotona curzoniae*）
中国語別名：高原鼠兔、鳴声鼠
チベット自治区の各地に広く分布し、海抜3600～5200mの高原の、草原や、高度が高く寒冷な湿草地や、沙漠草原帯に生息する。ナム・ツォ（納木錯［湖］）湖畔の草地では､1haあたりの個体数が250～350匹に達する。朝は日の出時に巣穴を出て活動を始め、8～10時と17～19時が1日で最も活発な時間帯である。草原植物を食べる。一般に毎年1～2回、4～9月に繁殖期があり、1度に1～8匹の子どもが産まれる。クチグロナキウサギは、チベット自治区の牧畜業の生産に深刻な影響を与える害獣だが、近年おこなわれた北チベット地域の野生食肉動物に対する調査によれば、クチグロナキウサギは、多くの稀少な絶滅危惧種とされている野生動物の重要な食物でもあることがわかっている。

野生のヤク（野牦牛 *Bos mutus*）

中国語別名：野牛

ンガリ（阿里）地区およびナクチュ（那曲）市の西北部に分布し、生息地の海抜は4000 ~ 6100m である。通常、高原の寒冷沙漠地帯で活動する。寒さに強いが、暑さに弱く、高山草原および寒冷沙漠地帯に生息する動物の典型的な特性を有する。好んで群れをなし、群れは、通常、メスの成体と、オスとメスを含む多くの亜成体とからなり、大きな群れになると100頭規模になる。性格は凶暴で、嗅覚が鋭い。毎年8 ~ 11月に交配し、翌年の5 ~ 6月に1頭の子どもを産む。妊娠期間は9 ~ 10か月である。野生のヤクは、チベット高原固有の動物であり、家畜のヤクの祖先種である。この種を保護することは、家畜のヤクの進化を研究する上で、非常に重要な意義を有する。現在、国家およびチベット自治区の一級重点保護動物に指定されている。

キャン（チベットノロバ 西蔵野驢 *Equus kiang*）

中国語別名：亜洲野驢（アジアノロバ）、野馬

ナクチュ（那曲）市西部や、ンガリ（阿里）地区、シガツェ（日喀則）市のンガムリン（昂仁）、ドンパ（仲巴）、ギドン（吉隆）、ニャラム（聶拉木）、ティンリ（定日）等の県、ロカ（山南）市のチュスム（曲松）、ナンカルツェ（浪卡子）、ツォナ（錯那）、ツォメ（措美）、ルンツェ（隆子）、ロダク（洛扎）等の県に分布し、生息地の海抜は、3800 ~ 5100m である。広々とした草原を縦一列に並んで蹄を高く上げて疾走するようすがよく見られる。毎年 6 ~ 9 月に群れをつくり始める。群れは 6 ~ 10 頭からなり、100 ~ 200 頭以上に達する大群をなすこともある。7 ~ 8 月に交配し、翌年出産する。妊娠期間は約 1 年前後である。1 度に 1 頭の子どもを産む。キャンは中国の固有種であり、現在、国家およびチベット自治区の一級重点保護動物に指定されている。

クチジロジカ
（白唇鹿）

チルー（蔵羚 *Pantholops hodgsoni*）

中国語別名：蔵羚羊、長角羊

ンガリ（阿里）地区およびナクチュ（那曲）市、シガツェ（日喀則）市の西北部に分布し、生息地の海抜は、4000 ～ 5500m である。通常、平坦な開けた地形の、水草が豊富に生育する高原地帯で活動する。走るのが速く、疾駆時には時速 80km に達することもある。一般に冬から春にかけてチャンタン南部で交配し、夏にはチャンタン北部に移り繁殖する。少数ではあるが、1 年間四季を通じてチャンタン南部地域で活動する群れもいる。通常は、十数頭の小規模な群れをなして活動するが、秋から春にかけて、数十頭ないし 1000 頭を超える大規模な群れがみられることもまれではない。群れは季節と食物条件の変化にしたがって移動する。11 ～ 12 月が発情期であり、妊娠期間はおよそ 6 か月で、夏に出産する。1 度に 1 頭の子どもを産む。チルーは、チベット高原の固有種であり、現在、国家およびチベット自治区の一級重点保護動物に指定されている。

チベットスナギツネ（蔵狐 *Vulpes ferrilata*）

中国語別名：草地狐

チベット自治区内の比較的広い範囲に分布。その足跡が確認されていないのは東南チベットの森林だけである。生息地の海抜は 3100 ～ 5200 m である。昼間に多く外に出て、警戒心が強い性格で、嗅覚と聴覚が鋭い。毎年 1 ～ 2 月が交配期であり、妊娠期間は 60 ～ 70 日である。1 度に 2 ～ 6 匹の子どもを産む。チベットスナギヅネは、農牧業に有害なネズミ類等の動物の天敵である。現在、国家およびチベット自治区の二級重点保護動物に指定されている。

オオヤマネコ（猞猁 *Felis lynx*）

中国語別名：蔵猞猁、林拽

広々とした草原または森林辺縁地域に分布し、生息地の海抜は 3500 ～ 5000m である。はって進むことが得意で、崖を登ったり、泳いだりすることもできる。発情期と授乳期を除き、単独で過ごすことが多い。夜行性であり、早朝夕刻にも活動する。2 ～ 3 月が発情期で、妊娠期間は約 60 ～ 80 日である。1 度に 1 ～ 4 匹の子どもを産む。国家およびチベット自治区の二級重点保護動物である。

アルガリ（盤羊 *Ovis ammon*）

中国語別名：大頭羊、大角羊

ナクチュ（那曲）市西北部、ンガリ（阿里）地区、シガツェ（日喀則）市西部、ロカ（山南）市のナンカルツェ（浪卡子）等の地域に分布し、生息地の海抜は 3500 ～ 6000m である。通常、地形的に広大で起伏に富んだ高原で、数頭から数十頭の小規模な群れをなして活動する。冬にはオスとメスが一緒に生活することが多い。視覚、聴覚、嗅覚が鋭く、季節に合わせ垂直移動する習性がある。発情期は冬で、6 ～ 7 月に出産する。1 度に 1 ～ 2 頭の子どもを産む。現在、国家およびチベット自治区の二級重点保護動物に指定されている。

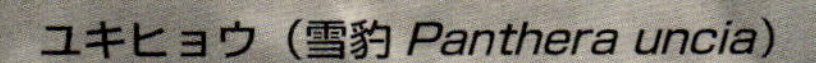

ユキヒョウ（雪豹 *Panthera uncia*）

中国語別名：艾葉豹、荷葉豹、草豹

チベット自治区のほぼ全域に分布し、生息地の海抜は 3000 ～ 5300 m である。通常、高山の裸山、湿草地、低木地、山地の針葉樹林の辺縁で活動する。バーラル等の偶蹄類の獲物とともに移動する習性がある。夜行性で、夜明け頃と日暮れ時に最も活発に活動し、活動ルートは比較的固定されている。凶暴で警戒心が強い性質で、身を隠すようにすばしこく行動し、ジャンプ力がある。1 ～ 3 月が発情期で、約 100 日間の妊娠期間を経て、5 ～ 6 月に出産する。1 度に 2 頭の子どもを産む。ユキヒョウは、自然界において生息数が稀少であり、現在、国家およびチベット自治区の一級重点保護動物に指定されている。

金色のヤク（野牦牛 *Bos mutus*）

1970年代までのすべての学術資料は、野生のヤクが等しく黒褐色か茶褐色であると記述していたが、80年代になると、チベットの稀少野生動物調査チームが北チベットチャンタン西部のルトク（日土）県一帯で、全身が黄金色の長い毛に覆われた野生のヤクを発見した。毛が金糸のように黄金に輝く姿を見て、これは固有種だと考えた。金色のヤク（金色野牦牛／金糸野牦牛）は、ルトク県東部の神山（カン・リンポチェ）付近の面積2万km^2足らずの地域にのみ分布する。われわれは、20頭余りの群れをなす純金色の（金糸のような）野生のヤクに遭遇したことがある。黒褐色の野生のヤクと一緒にいた金色の野生のヤクの群れに遭遇したこともあるが、びっくりしておびえることがあると、2種の異なる色の野生のヤクはあっという間に群れを分かち逃げて行った。この金色の野生のヤクは、一般人にはなかなか見ることのできない、非常に珍しい動物の一種であるといえよう。

◀**チベットガゼル（蔵原羚 *Procapra picticaudata*）**

中国語別名：西蔵黄羊、白屁股

体長 80 ～ 100cm、体重 10 ～ 15kg。ンガリ（阿里）地区、シガツェ（日喀則）市、ナクチュ（那曲）市、ロカ（山南）市、チャムド（昌都）市の各県に分布し、生息地の海抜は4000m 以上である。通常、高原や高山湿草地といった地帯で活動する。水源の豊富な山谷地帯で活動することが比較的多い。群居生活を営み、群れは一般に 3 ～ 5 頭、多いときには 20 頭前後に達することもある。冬には、大雪が降った後、日の当たる峡谷または山麓に移動する。夏には、食料となる若草を探して長い距離を移動することができる。視覚と聴覚が鋭く、行動は敏捷で、走るときは飛ぶように疾駆する。日中のほとんどの時間を静かな場所で休み、明け方と夕暮れ時に食物を探すことが多い。主に高山湿草地の草本植物を食する。発情期は冬である。妊娠期間は 6 か月で、5 ～ 7 月に出産する。1 度に 1 頭の子どもを産む。チベットガゼルは、チベット高原の特有の動物である。近年、個体数が日を追って減少しつつあり、現在、国家およびチベット自治区の二級重点保護動物に指定されている。

生まれたばかりのチベットガゼル

インドガンの雛

▶オオズグロカモメ（漁鴎 *Larus ichthyaetus*）

中国語別名：大海鴎

チベットのほとんどの水域で見られる。海抜5500m以下の広々とした水域に生息する。毎年10月中旬から下旬にかけて海抜がやや低いチベット東南部の広い河谷や湖に飛来し越冬し、翌年4月になると北チベットに戻り産卵繁殖する。巣は湖の中の島や沼沢地帯につくることが多く、各巣に2～5個の卵を産む。親鳥はオスとメスとが交替で卵を抱き、28～30日で孵化する。2001年に、ツォ・ンゲン（錯鄂湖）内の面積5000m^2前後の「サンリナツォ（桑勒日熱 Sanglerire）鳥島」に5万300～5万4000羽のオオズグロカモメが生息することが発見された。この島は、オオズグロカモメの繁殖する島としては、世界で海抜が最も高く面積が最も大きい島である。

インドガン（斑頭雁 *Anser indicus*）

中国語別名：白鴨、黒紋頭雁

チベット自治区内に広く分布し、河川や湖、沼沢地帯に生息するチベット高山湖の主な経済水鳥の一種である。毎年 10 月中旬から下旬にかけて繁殖地から大きな群れをなして東南チベット、中央チベット地域に飛来し、越冬する。翌年の 3 月下旬になると、再び北チベットや南チベットの海抜の高い湖水地域の繁殖地に帰っていく。毎年 5 ~ 6 月が繁殖シーズンである。交配は水中でおこなわれ、各巣に 4 ~ 6 個の卵を産む。巣が干渉を受けると、通常、その巣を放棄して新たに巣を作り産卵する。現在、チベット自治区の二級重点保護動物に指定されている。

カワウ（鸕鷀 *Phalacrocorax carbo*）
中国語別名：魚鷹、水老鴉、魚鴉
夏には西北チベットに分布し、繁殖をおこない、冬には東チベットや南チベットに分布し、越冬する。人を恐れず、通常、好んで3～5羽の小さな群れをつくる。水中を泳ぎ回る習性があり、水面上を低空飛行することもよくある。一般に、各巣に3～4個の卵を産む。オスとメスが共同して巣をつくり、交替で卵を抱く。最初の卵を産むとすぐに孵化し始めるので、最後の1羽の雛鳥が孵化するときには、最初に殻を破って孵化した雛鳥はすでに大きくなっていて、親鳥がくわえてきた餌の大部分を独り占めしてしまい、遅れて孵化した小さな雛鳥たちの多くは食物にありつけず幼くして死に至る。雛鳥は一般に60～70日で巣離れし、9月になると、親鳥について南方へと渡り越冬する。

チャガシラカモメ（棕頭鴎 *Larus brunnicephalus*）
チベット自治区各地に分布し、河谷や湖畔や砂浜地帯で生活する。通常、群れをなして活動し、最も大規模な群れになると数千羽に達することもある。主に魚類を食べる。毎年 6 ～ 7 月に産卵繁殖する。100 万羽を超えるチャガシラカモメが北チベットのチャンタン地域の各「鳥島」（鳥類の生息する島嶼）で繁殖し子孫を残す。いくつかの鳥島には、鳥の巣が密集し、平均 $1\,m^2$ あたり 2.25 個の巣がつくられ、最も密集したところでは、$1\,m^2$ あたり 6 個の巣がある。

チベットサケイ
（西蔵毛腿沙鶏 *Syrrhaptes tibetanus*）
中国語別名：僊鶏
チベット北部と西北部、およびヒマラヤ山系の北側斜面に分布し、海抜4000～5100mの石の多い沙漠の草原や高山湿草地の草原および湖畔河谷の草地に多く生息する。飛ぶのが上手で、飛びながら鳴き声をあげる。繁殖シーズンを除き常に大群となって活動する。6～7月の繁殖期間には、つがいあるいは小規模な群れをつくり行動することが多い。チベット高原およびその近隣地域の固有種である。現在、国家およびチベット自治区の二級重点保護動物に指定されている。

ヒメサバクガラス
（褐背擬地鶏 *Pseudopodoces humilis*）
中国語別名：草原鴉
高原の草原や沙漠の草原地帯に生息する。動作は敏捷で、草原をとびはねて獲物となる各種昆虫を探すのを好む。飛行能力は低く、自分の力で飛び立つことはほとんどできない。毎年5～7月が繁殖期で、各巣に4～6個の卵を産む。親鳥はオスとメスが共同で雛に餌をやり、巣穴を掃除する。牧業生産に有益な鳥である。

カンムリカイツブリ（鳳頭鸊鷉 *Podiceps cristatus*）

中国語別名：水鴨、野鴨

チベット自治区内の大部分の水域で見られる。河川や湖や沼沢地帯に生息する。泳ぎと潜水が上手だが、飛ぶことはめったにない。ほとんどがつがいで活動するが、数羽、多いときには十数羽の群れで活動する現象も見られる。常にハジロガモ等と一緒に行動する。主に各種の水草、昆虫、小魚を食料とする。毎年5月には繁殖シーズン入り、湖畔の水が浅く草が生い茂るところに巣をつくる。

高原に棲むタテハチョウの一種（高原蛱蝶 *Sasakia* sp.）
南チャンタンのツォ・ンゲン（錯鄂）湖のほとり海抜4300m余りの地にて撮影。専門家の認定によれば、これは、これまでで海抜が最も高いところで発見されたタテハチョウ類であり、タテハチョウ類研究において非常に重要な意義を有する。

◀セーカーハヤブサ（猟隼 *Falco cherrug*）
中国語別名：猟鷹、兔鷹
チベット自治区東北部および南部ならびにラサ（拉薩）、シガツェ（日喀則）、パングン（斑戈）、ガル（噶爾）、プラン（普蘭）、ツァンダ（札達）などチベット西北地域に分布し、海抜2800～4800mの平原、山地、河谷、農田、草原地帯に生息する。常に単独で活動する。飛びまわるのがきわめて得意で、飛行速度は速く、両翼を盛んに羽ばたかせて飛び、行動範囲は広い。各種の小鳥や小型の獣類を食べる。草原生態バランスを維持するために重要な益鳥である。中国国内の生息数は少なく、現在、国家およびチベット自治区の二級重点保護動物に指定されている。

無翅のワタリバッタ（無翅蝗）
バッタ（直翅）目に属するバッタ類の昆虫。チベット自治区の南チャンタンのシェンツァ（申扎）一帯の海抜4600m前後の地域に分布。1980年代までは、チベット自治区のチャンタン地域は、海抜が高く、気候は寒冷で、バッタは存在しない地域だと考えられていた。2001年6月にシェンツァの実地調査に際し、海抜4680mの草地に初めて無翅のワタリバッタが発見され、撮影されたことは、科学研究上非常に重要な意義がある。その体色は、高原の鳥類に捕食されにくい土色（灰色）で、気圧が低いため飛行に向かない生活環境に適応して体形は小形化し、翅はすでに退化している。

チョウゲンボウ（紅隼 *Falco tinmunculus*）

中国語別名：紅鷹、茶隼、紅鷂子

ほぼチベット自治区内各地に分布し、海抜 2000 ～ 4950 m の山地森林地帯や荒野および村落の近隣に生息する。単独で活動することが多い。飛行能力はきわめて高く、空中に止まり獲物を狙うことができる。主に齧歯類や昆虫や小形の鳥類を補食する。毎年 4 ～ 5 月に産卵する。各巣に 4 ～ 5 個の卵を産むものが多く、オスとメスが共同して卵を抱き、雛を育てる。チョウゲンボウは、農業、牧業、林業の生産に有益な鳥である。現在、国家およびチベット自治区の二級重点保護動物に指定されている。

アカアシシギ（紅脚鷸 *Tringa totanus*）

チベット自治区に広く分布し、海抜4800m以下の湖や河川や沼沢や草原に生息する。数羽もしくはそれ以上の群れをつくり活動する。機敏で賢く、地上を走るのが速く、飛行能力も比較的高い。いろいろな種類の昆虫を主食とする。農業および牧業に有益な鳥とみなされている。沼沢地の比較的乾燥した草むらに巣を作る。毎年4月末から5月初旬に繁殖期に入る。各巣に3～7個の卵を産む。卵は灰色で茶褐色の斑模様がある。

高地に棲む鱗のない鯉（高原裸鯉 *Gymnocypris waddelli*）
中国語別名：瓦氏裸鯉
チベット自治区南部のヤムドク・ユムツォ（羊卓雍錯［湖］）、ティグ・ツォ（哲古錯［湖］）、プマ・ユムツォ（普莫雍錯［湖］）、莫特里（Moteli）湖、嘎羅維金馬（Galuoweijinma）湖などの地に分布。ケイソウ（硅藻）やランソウ（藍藻）やワムシ（輪形動物）を主に食料とする。繁殖期のピークは毎年6～8月で、この時期になると岸辺の水深約0.5m辺りに群れをなして遊泳する。体重が300～400gのメスの成体は4500～5000個の卵を産むことができるので、生息数は多く、現地では捕獲され商業取引される主要な魚類である。

▶アガマ科ガマトカゲ属のトカゲの一種（紅尾沙蜥 *Phrynocephalus erythrurus*）
中国語別名：紅尾蜥蜴
チベット自治区北部のンガリ（阿里）地区、ナクチュ（那曲）市にのみ分布し、海抜4600～5000mの沙漠地帯に生活する。柔らかい茎や葉、花や果実や種、そして昆虫を食べる。チベット高原固有の動物であり、科学研究上重要な価値がある。

ユキスズメ

（白斑翅雪雀 *Montifringilla nivalis*）

中国語別名：西蔵麻雀、高原雀

チベット自治区各地に分布し、海抜5000m以下の高山の草原、沙漠の草原、湿草地、人の居住地近くに生息する。高地の寒冷な環境に強い。通常、小規模な群れをつくり活動する。飛行速度は速いが、低空で飛びまわるだけである。季節の変化とともに、垂直移動する現象が見られる。放棄されたネズミやウサギの巣穴を利用し寒さをしのぎ繁殖する。毎年6～8月が繁殖期間で、各巣に3～5個の卵を産む。高原性草原における益鳥であり、高原性草原における生態系にとって重要な構成員でもある。

Ⅵ. チベット自治区自然保護区

ナムチャバルワ（南迦巴瓦）峰

チベットの特殊な自然環境は独特な林野生態系を形成しており、自然保護区を設立するには好適な自然条件となっている。チベットは人口が少なく、居住地域も比較的集中しており、環境破壊の被害も及ばない高原天然動物の楽園と人跡まれな原始林の区域が、なお数十万 km^2 も存在している。さらに、チベット族の人びとには“聖地”を守ろうとする習慣もある。これらすべてが、高原自然保護区を設立するにあたり最も優れた資質となっている。統計によれば、2000年末までに、チベット自治区全域で、各種の自治区認定レベル以上の自然保護区が 18 か所設立され、総面積はおよそ 40 万 1200 km^2 に及び、チベット自治区全域の 32.9% を占めている。これは中国に現在ある自然保護区の総面積の半分以上にあたる。自然保護区はどこも比較的面積が広いが、ほとんどの自然保護区は人が居住していない。人が居住するところであっても、人口密度はきわめて小さく、生産活動や開発圧力は基本的に原始的自然景観を損なうものではない。これは、中国の自然保護区においてもめったにない特色である。現在、保護区内にはチベット自治区の大多数の絶滅危惧種および稀少野生動植物とその生息地の生態類型が保護されており、自然地理学的および生物学的に最も多様性の豊かな環境が多く含まれている。

ヤルン・ツァンポ（雅魯蔵布）大峡谷

世界最大最深の峡谷区
――ヤルン・ツァンポ（雅魯蔵布）大峡谷自然保護区

1985年、チベット自治区人民政府は、自治区内のメト（墨脱）県に、整備された自然生態系の保護を目的としたメト自然保護区を設立した。1986年には、国務院がさらにこれを国家級自然保護区に指定することを承認した。20世紀末、ヤルン・ツァンポ大峡谷地域で実地調査がおこなわれ、以後この地が、最も豊かな生物多様性を有することがわかっただけでなく、もっと重要なことは、ここに、最長、最深にして世界一の大峡谷があることが全世界に認知されたのである。2001年には、当時のメト国家級自然保護区を基礎に拡張をし、ヤルン・ツァンポ大峡谷国家級自然保護区と名を改めた。総面積は約9168km^{2}である。

ヤルン・ツァンポ大峡谷の主要部は、全長約142km、海抜1100mからナムチャバルワ（南迦巴瓦）峰の7782mに達し、河床は岩盤を深く抉り、河床の幅はわずか100m前後にすぎない。川沿いには、落差が30～40mに達する4つの大瀑布群が分布する。河の急な流れは砂砥石を巻き込み、川岸の岩と河床にぶつかり、耳をつんざく轟音が鳴り響く。ヤルン・ツァンポ大峡谷地域は、かつて「世界一の大峡谷」と考えられていたアメリカのコロラド大峡谷（グランド・キャニオン；全長56.3km、深度3000m余り）をはるかに超える規模をもつ。ヤルン・ツァンポ大峡谷の高度差は大きく、インド洋の暖かく湿った気流が河沿いに北上する水蒸気の通り道であり、生物が南北に行き来する「天然回廊」を形成し、動植物区系の各区分を構成する動植物種が1か所に集結する天然の場所を提供している。大峡谷地区地域は、さらにアジア地域の一部の生物種が密集し分化する中心地域であり、科学研究上非常に重要な価値がある。海抜が高くなるにつれて、生物帯の変化が大きくはっきりとしてくる。水平距離にして数十km内に、中国海南島から北極までの地域で見られるようなさまざまな自然景観――草木がうっそうと茂る熱帯雨林から低く地面を覆う周氷河の植生まで――をすべて見ることができる。

生物多様性が豊かで、中国の生物資源の重要な宝庫である。現在までに、この地域で発見された生物には、高等植物3768種、コケ植物512種、大型真菌686種、サビ菌209種、哺乳類63種、鳥類232種、爬虫類25種、両生類19種、昆虫2000種余りがある。その中には、この地域に固有の種も少なくない。たとえば、インドで「聖なる猿」と呼ばれ尊ばれるハヌマンラングール、世界で最も珍しいベンガルトラ、大型高山動物ターキン、絶滅危惧種アカゴーラル、美しい羽毛をまとったサイチョウ、タイヨウチョウ、ベニキジ等の鳥類、そして生きた化石と呼ばれるメトジュズヒゲムシ等の昆虫が生息する。さらに、野山に満ちあふれる珍しい植物

ターキン（扭角羚 *Budorcas taxicolor*）
中国語別名：羚牛、牛羚
ツォナ（錯那）、ルンツェ（隆子）、メンリン（米林）、ダクイプ（巴宜）、ポメ（波密）、メト（墨脱 ペマ・コ）、ザユ（察隅）の各県およびメンユ（門隅）、ロユ（珞渝）等の地域に分布し、生息地の海抜は 2000 ～ 4500m である。通常、亜熱帯の山岳森林地域で活動し、季節の変化とともに垂直移動する。春に子を連れているときを除き、一般に群居生活を送る。小さい群れは 3 ～ 5 頭、大群になると数十から 100 頭になる。ターキンの群れには、必ず「偵察担当」が 1 頭いて見張り番をする。群れは規律が比較的厳格であり、行動は非常に敏捷で、傷を負うと凶暴になり、断固として報復を図る。6 ～ 8 月は発情期で、この時期のオスターキンによるパートナー争奪戦は非常に熾烈なものがあり、争いの過程で傷を負うこともよくある。翌年の晩春から初夏にかけて出産する。1 度に 1 頭の子どもを産む。母のおなかの中から産まれてきた赤ちゃんターキンはすぐ立ち上がり、しばらくすると、ゆっくりと歩くことができる。ターキンは、ヒマラヤ山脈および横断山脈地域固有の動物であり、現在、個体数は非常に少なく、国家およびチベット自治区の一級重点保護動物に指定されている。

も育つ。たとえば、メトラン（墨脱蘭）、メトタブノキ（墨脱楠）、ウリ科植物の一種ホドグソニア（油瓜）、チュウゴクイヌガヤ、ヒマラヤイチイ、ウラジロイヌガヤ、イヌマキ、メトモミ（墨脱冷杉）、メトイワベンケイ（墨脱紅景天）、野生種のボタン、チベットアナナシタケ、クワ科イチジク属植物の一種フィクス･オリゴドン（苹果榕 *Ficus oligodon*）、シュロ（棕櫚）、ホルトノキ（杜英）、シクンシ（使君子）、クスノキ科タブノキ属植物の一種マキルス・ウェルティナ（野枇杷 *Machilus velutina*）、ツツジ科ツツジ属植物の一種ロドデンドロン・モントロセアヌム（墨脱杜鵑 *Rododendron montroseanum*）などである。

中国最大の保全された亜熱帯原始林区
——ティパ（慈巴）溝自然保護区

1980年には、すでにザユ（察隅）県人民政府がティパ溝を禁猟区と定め、1985年には、自治区人民政府が亜熱帯原始林の生態系と稀少動物の保護を主目的とし、とりわけターキンとベンガルトラの保護を重視したザユ自治区級保護区の設立を承認した。2002年の計画再編を経て、国務院がこれを総面積約1014 km^2 のティパ溝国家級自然保護区とすることを承認した。

ティパ溝自然保護区は、チベット高原の東南の角にあり、基盤は海抜約1500m前後である。保護区内には、村民住居はなく、すべて、原始林区域となっている。よく見かける高等植物は2000種余りで、そのうち木本植物は300種余り、薬用植物（冬虫夏草、バイモ、サンシチニンジン、マンネンタケ等）は100種余りに達し、国家が重点保護対象としている亜熱帯の稀少植物（アルキマンドラ・カトカルティ、タブノキ、ヒマラヤニンジン、スイセイジュ等）は20種ほどある。豊富な食料資源とうっそうと茂る原始林と複雑な地形は、稀少野生動物にとって良好な生息場所であり、行き来する多くの動物種がここに集まってくる。国家の重点保護対象となっている稀少野生動物として、ターキン、ベンガルトラ、ユキヒョウ、アッサムモンキー、ゴーラル、コビトジャコウジカ、アジアゴールデンキャット、ベニジュケイ、ニジキジ、ベニキジ、インドニシキヘビ等30種余りの稀少動物がいる。国家一級重点保護動物であるターキンは、ティパ溝保護区の重要な稀少動物の1つに数えられ、動物分類上は、牛と羊の中間にあるとされ、非常に重要な科学研究上の価値がある。

ザユ（察隅）の原始林

世界で単位面積あたりの蓄積量が最大のトウヒ林区
――ポメ（波密）ガン（崗）郷自然保護区

チベット自治区で森林蓄積量が最も豊富な中核地域である。この地域の特殊な生物多様性を保護するため、1985年に自治区人民政府がここに生産性の高い針葉樹林と稀少動物の保護を主目的とした原始林生態系自然保護区を設立した。総面積46万km^2の保護区内に居住民はいない。2000年には、ヤルン・ツァンポ（雅魯蔵布）大峡谷国家級自然保護区内に編入された。

特殊な自然地理上および気候的環境のおかげで、保護区では、森林が生い茂り、古木が空高くそびえ、木々の成長速度と成長期間と単位蓄積量は国内外の同種の森林を凌駕している。特に、針葉樹林中、トウヒ林がひときわ突出しており、その生

トウヒの大樹

産性の高さは世に類を見ないレベルであり、中国の同種の森林と比べても単位蓄積量は最も高い。保護区内のトウヒは、平均 60 ～ 70m の高さがあり、最も高いものは 80m 以上に達することがある。1 本あたりの木材蓄積量は 120m^3 以上に達する。一般にこの林 1ha あたりの立木蓄積量は 1500 ～ 2000m^3 であり、一部地域では 1ha あたりの立木蓄積量は 3000m^3 に達することさえある。これは中国東北森林地域における単位蓄積量の 4 ～ 5 倍に相当する。西ヨーロッパや北アメリカなどの地域でも、針葉樹林の 1ha あたりの立木蓄積量は 800m^3 に満たない。その他の地域のトウヒは 100 年育つと基本的に自然成熟し、ほぼ成長を止めるが、この地域のトウヒは樹齢 200 ～ 300 年以上経ってなお、腐敗病になることもめったになく、成長を続ける。

ポメ（波密）の原始林

チベット固有の樹木が会するところ
――キドン（吉隆）チャン（江）村自然保護区

チベット自治区人民政府は、1985年に、ハヌマンラングールやヒマラヤタールや森林地域に棲むキジ類などの稀少野生動物の生息地の保護を主な目的の1つとした面積約340 km^2 のキドン（吉隆）チャン（江）村自然保護区を設立した。1993年に新たにチョモランマ地区自然保護区を区画した際に、キドンチャン村自治区級自然保護区をチョモランマ地区国家級自然保護区内に編入した。

キドン河谷は、著名なシシャパンマ峰（海抜8012m）の西南側に位置し、海抜は1800mに達する。山の地勢は険しく、気宇壮大で、独特な自然地理条件が、非常に多くの珍しい樹木および固有動物を育んでいる。中国ではここでしか見られないヒマラヤマツやモリンダトウヒやヒマラヤイチイは、国家重点保護対象の稀少植物であり、その針葉は、同属植物の2倍ある。ヒマラヤイチイは、すでに国際的に絶滅危惧種に指定されている。保護区内で活動する稀少動物は、20種余りあり、そのうち、ヒマラヤ山脈地区に固有の珍獣であるハヌマンラングールは、保護区の重要な固有動物の1つである。

◀ハヌマンラングール（長尾葉猴 *Prebytis entellus*）

中国語別名：長尾猴、白猴、長尾灰葉猴

メト（墨脱 ペマ･コ）、ドモ（亜東）、ダム（樟木）通関地、キドン（吉隆）、および、ディンキェ（定結）県のンデンタン（陳塘）、ならびにメンユ（門隅）、ロユ（珞渝）の各地域に分布し、生息地の海抜は、2800m以下である。常に温暖湿潤な熱帯林および亜熱帯常緑広葉樹林で活動する。樹上での活動が非常に活発で、常に群れをなして行動する。一般に数十匹が1つの群れをなし、多くは、明け方と日暮れ時に食物を探す。ハヌマンラングールは、中国ではチベットのみに分布する中国の稀少種であり、重要な科学研究上の価値がある。現在、国家およびチベット自治区の一級重点保護動物に指定されている。

世界最長の体毛をもつヤギ亜科動物の楽園
——ニャラム（聶拉木）・ダム（樟木）溝自然保護区

1985年、チベット自治区人民政府は、固有の珍しい樹木と動物を保護することを目的として、ここに総面積68 km^2 に達するニャラム・ダム溝自治区級自然保護区を設立した。1993年、チョモランマ地区自然保護区を新たに区画設定したとき、この自然保護区をチョモランマ地区国家級自然保護区内に編入した。

この自然保護区は、シシャパンマ峰の東南側に位置し、基盤の海抜は約2000m前後で、地形の影響を受け、森林植生の垂直景観が非常にはっきりとしている。比較的短い水平距離内に低地から高地へ向かって、亜熱帯常緑落葉広葉樹混交林、亜高山暗針葉樹林、高山低木湿草地といった植生類型が見られる。この緑豊かな樹海には、レッサーパンダ、ヒマラヤジャコウジカ、ツキノワグマ、そしてネパール王国の国鳥であるニジキジ等、国家重点保護野生動物20種余りが活動している。そのうち最も貴重なのは、この地の固有種であり国家一級重点保護動物でもあるヒマラヤタールで、1970年代にようやく発見された、この地域にしか分布しない稀少動物である。

ダム（樟木）溝の地形

ヒマラヤタール（喜馬拉雅塔爾羊 *Hemitragus jemlahicus*）

中国語別名：長毛羊、山羊、塔爾羊

中国では、チベット自治区キドン（吉隆）とダム（樟木）通関地のみに分布する。生息地の海抜は 3000 ～ 4000m であり、通常、険しい岩山で活動する。多くは数十頭の群れをなし、活動範囲は比較的固定されている。季節が巡り気温が変化するのにしたがって一定地域内で垂直移動する。注意深い性格で、近づくのは難しい。冬になると発情期になり、5 ～ 6 月に出産する。1 度に 1 ～ 2 頭の子どもを産む。ヒマラヤタールは、中国では、1970 年代に、チベットのキドンやニャラム（聶拉木）等の中央ヒマラヤ地域で初めて確認され、現在、国家およびチベット自治区の一級重点保護動物に指定されている。

世界最大最古のイトスギ属植物の成長地
――ニンティ（林芝）ダクチ（巴結）クプレッススス・ギガンテア（巨柏）自然保護区

1985年、チベット自治区人民政府は、チベット固有の珍しい樹木種であるクプレッススス・ギガンテア（*Cupressus gigantea*）およびその生態系の保護を主たる目的として、この地に、面積約0.08km^{2}に及ぶニンティ・ダクチ自治区級自然保護区を設立した。チベット自治区東南部のニンティ市、青緑色の澄んだニャン・チュ（尼洋河）下流の北側斜面、ダクイプ（巴宜）区ダクチ（巴結）郷に位置する。海抜3000～3200mの間の地に、国家重点保護の対象とされたチベット自治区固有の珍しい樹木――クプレッススス・ギガンテア――が育っている。そのうちの1本は、高さ50m、周囲の太さ18mに達し、樹齢2500年以上で、台湾で「イブキ王」と呼ばれたヒノキ科の大木が枯死した今日にあっては、世界のヒノキ科の樹木において最も高齢で最も大きな樹木である。

どの木も数千年の齢を重ねた古木であり、貴重な記憶庫として、非常に豊富な情報を記録し、科学研究上、有史以前の膨大なデータを提供するものであり、植物、気候、地理、地質、水文、大気質、人類の活動などを対象とする研究においてきわめて重要な意義を有し、ひいては、これらの木々の年輪から太陽黒点の活動法則を読み取ることさえできる。大自然がわれわれに特別にのこしてくれた遺産にほかならない。

クプレッススス・ギガンテア（巨柏）

チベット森林地域を流れる水勢の急な渓流

世界最高峰の山々が集まる保護区
——チョモランマ自然保護区

チョモランマ（エベレスト）は、海抜 8844.43 m の世界最高峰として中国国内外で有名である。1988 年、チベット自治区人民政府は、ここに、この土地の亜熱帯から北極に至る独特の自然景観や、特殊な植生類型、残存古氷河、現成氷河、稀少野生動植物、古代チベット民族の宗教文化遺産の保護を目的とする総合的自然保護区を設立した。1993 年、国務院の承認を経て国家級自然保護区に指定された。総面積は約 3 万 3800 km^2 である。

自然保護区は、ヒマラヤ山脈の中心地帯、海抜 1433 m の地に位置する。保護区内には、海抜 8000 m 以上の山が 5 つ、7000 m 以上の山が 38 あり、北緯 28°のチョモランマ付近には、雪山が林立し、大小さまざまな多くの氷河があり、風を受け日に照らされて次第に融けるとともに、多くの林立する氷塔（セラック）や氷洞を形成する。

林立する氷塔（セラック）

保護区内には、非常に重要な自然歴史遺産と、ニャラム（聶拉木）の先カンブリア紀後期・カンブリア紀（震旦・寒武系）から始新世までに完成した海成石灰岩山地、たとえば、シシャパンマ古氷河遺産、ニャラムの古代温泉華中の人類石器および灰燼層遺跡や、キドン（吉隆）オマ（臥馬）盆地およびニエルション・ラ（聶汝雄拉）のヒッパリオン（三趾馬）化石遺産等がある。重要な人類歴史遺産としては、たとえば、7 世紀のチベット王ソンツェン・ガンポの時代に、キドンのバンシン（邦興）村に建設されたチャンツンツラカン（強真格給 Qiangzhengeji）寺や、8 世紀吐蕃王朝のタナ（差那）古墓群や、チベットの著名な高僧ミラ・レパの出生地の遺跡と修行の場となった洞窟や寺院、ティンリ（定日）集落遺跡や、岩や崖に掘られた古い壁画や石の彫刻などがある。そのほか、今でも比較的保存状態が良好な著名寺院に、チェデ（曲徳 Qude）寺、ランコル（朗果 Langguo）寺、パギェリン（帕傑林 Pajielin）寺、シェカル（協噶爾 Xiegeer）寺、そして世界で最も高い海抜 5000 m 近い所にある寺院――ロンプ（絨布 Rongbu）寺などがある。

チョモランマ

世界最大にして最後のウンナンシシバナザル（滇金糸猴）野外生息地
――ホン・ラ（紅拉山）自然保護区

チベット自治区人民政府は1993年、ウンナンシシバナザルなどの稀少動物とその生存を支える原始林の生態系を保護することを目的としたマルカム・ウンナンシシバナザル自治区級自然保護区の建設を承認した。保護区はチベット自治区の最東端、メコン川（ザ・チュ；瀾滄江）の東側、海抜2800m前後の地域にある。総面積は約1850 km^2 余りに及ぶ。2003年には、国務院の承認を経て国家級保護区に格上げとなり、ホン・ラ（紅拉山）自然保護区と名を変えた。

ウンナンシシバナザルは、現在世界が認めるパンダ並みの珍しい動物で、同じく国宝とされている。目下、全世界で個体数わずか1000匹余り、自然分布している地域は、保護区内の南北わずか約200km、東西40km足らず、雲南省デチェン（徳欽）県およびチベット自治区マルカム（芒康）県ツァカロ（塩井）ナシ族郷を跨ぐ非常に狭い範囲に限られる。

マルカム（芒康）の森林

ウンナンシシバナザル（滇金糸猴 *Pygathrix roxellanae bieti*）
中国語別名：黒仰鼻猴、花猴
チベットでは、マルカム県のツァカロ（塩井）郷およびチトン（徐中）郷の一帯にのみ分布。生息地の海抜は3500 ～ 4350m。マルカムの一部山間の暗針葉樹林内で活動する。毎年通常2回垂直移動する。好んで数十匹から100ないし200匹の群れをつくり、たくましい成体のオスザルが群れを統率し活動する。群れで活動するときは、普通、慎重で注意深く、15 ～ 20m幅の隊形をつくり前進する。毎年4 ～ 5月に出産する。通常、1度に1匹の子どもを産む。ウンナンシシバナザルは、世界で、中国のチベット自治区と雲南省の境にある狭い地域にのみ分布する。現在、個体数は約1000匹前後で、国家およびチベット自治区の一級重点保護動物に指定されている。

世界で最も美しいヤギの避難所
——ニンティ（林芝）トンチュ（東久）自然保護区

チベット自治区人民政府は、1993年、アカゴーラルとその生息を支える自然環境の保護を目的とする自治区級自然保護区の建設を承認した。保護区の総面積は226 km^2 である。2000年には、ヤルン・ツァンポ（雅魯蔵布）大峡谷国家級自然保護区内に編入された。

自然保護区は、ヤルン・ツァンポ（雅魯蔵布［江］）の大屈曲部に位置する。湿度が高く雨が多いため、植物はうっそうと茂り、種の数もきわめて豊富で、山岳亜熱帯植生から高山寒帯の植生類型にいたる多様な種が存在する。大まかな統計によれば、保護区内には、国家重点保護の対象となっているセンダン科トゥーナ（チャンチン）属植物の一種チャンチン（紅椿 *Toona* sp.）、フサザクラ科フサザクラ属植物の一種エウプテレア・プレイオスペルマ（領春木 *Euptelea pleiosperma*）、ヤマグルマ科スイセイジュ属植物の一種スイセイジュ（水青樹 *Tetracentron sinense*）などの稀少植物が12種、国家重点保護の対象となっている稀少動物として、アカゴーラル、アッサムモンキー、ウンピョウ、ミヤマハッカン、チベットシロミミキジ、および、多くの猛禽類あわせて33種が生息している。そのうち、最も珍しいのが、東ヒマラヤ山岳地帯と亜熱帯林内に固有の野生のヤギ——アカゴーラルである。現在、アカゴーラルに関する生態学上のデータには、なお、わかっていないことが多い。したがって、アカゴーラルには、非常に重要な科学研究上の価値と遺伝子保存の価値がある。

アカゴーラル
（赤斑羚 *Nemorhedus cranbrooki*）

中国語別名：紅斑羚、紅山羊

ダクイプ（巴宜）、ポメ（波密）、メト（墨脱 ペマ・コ）、ザユ（察隅）、メンリン（米林）等にのみ分布し、生息地の海抜は、1500 ～ 4000m である。アカゴーラルは、ヒマラヤ山脈東部南麓の人跡まれな高山幽谷を住処とする。アカゴーラルは、神経が鋭く、足どりは軽快で、びっくりさせられると素早く付近の物陰に身を隠す。水飲み場は決まっていて、つがいになるか数頭の群れをつくり活動することが多い。冬が発情期で、6 ～ 8 月に出産する。1 度に 1 ～ 2 頭の子どもを産む。現在、国家およびチベット自治区の一級重点保護動物に指定されている。

トンチュ（東久）の原始林

世界で標高の最も高いツル類の繁殖地
——セリン・ツォ（色林錯）オグロヅル自然保護区

2001 年、チベット自治区人民政府は、1993 年に設立されたシェンツァ（申扎）自然保護区をセリン・ツォ（色林錯［湖］）オグロヅル自然保護区に改称することを承認した。総面積は 2 万 323.8 km^2 である。2003 年には、国務院が正式に国家級自然保護区として承認した。

チベットの多くの人びとは、オグロヅルが大好きで、これを「吉祥の鳥」とみなしている。オグロヅルは中国の固有種であり、世界に 15 種あるツル類の中で唯一の高原に生息するツルである。必要な生活条件の特殊性から、群れの繁殖率は低く、天敵から身を守る能力も劣っている。現在、世界でも非常に稀少な鳥と考えられて

シェンツァ（申扎）甲崗（Jiagang）山の湿地

いる。国際機関による鳥類レッドデータブックと絶滅危惧種に関する国際条約はともに、オグロヅルを緊急保護措置が必要な絶滅危惧種に分類している。

セリン・ツォ・オグロヅル自然保護区は、チベットで2番目に大きな湖であるセリン・ツォ周辺地域にある。平均海抜は4700～4800m、夏と秋は暑すぎず寒すぎず、水草が繁茂し、多くの湖や広い沼沢の中には魚類、蛙類、藻類などの水生生物が豊富で、オグロヅルの繁殖にはとりわけ恵まれた自然条件となっている。毎年4～5月には、数百数千といった多数のオグロヅルが保護区の沼沢地を訪れ繁殖し、8月になると、成鳥が雛の飛行練習に付き添う。9月になり高原に大雪が降る前に、成鳥は、すでに大きくなった雛をともない、その年にこの地域で繁殖をともにした他のオグロヅルの親子とともに青空に飛び立ち、群れは保護区を離れ、南に渡り、南チベットのヤルン・ツァンポ（雅魯蔵布［江］）一帯で越冬する。

セリン・ツォ（色林錯［湖］）の「鳥島」（鳥類の生息する島嶼）

中国野生シカ類の生息密度が最も高い地域
――リウォチェ（類烏齊）・タモリン（長毛岭）自然保護区

チベット自治区人民政府は、1993 年に、リウォチェ（類烏齊）のタモリン（長毛岭）に野生のアカシカ等の稀少動物およびその生息を支える自然環境の保護を目的とする自然保護区を設立した。2002 年の計画見直し後の面積は約 1333 km^2 である。

自然保護区は、横断山脈地域の北部に位置し、基盤は海抜 3800 m 前後で、最も高い山でも 6000 m 足らずである。横断山脈峡谷および高原湖盆地帯の間の中間地帯に属し、山はほぼ自然のままの状態を保っており、比較的広々としたなだらかな地形である。ここは、チベット東部森林地帯の北部の縁であり、多くは低木や湿草地の植生である。大型の稀少動物であるアカシカにとって生息と繁殖に良好な条件を提供している。保護区には、その他に、国家重点保護対象となっているクチジロジカ、ヤマジャコウジカ、オオヤマネコ、キジジャコ、イヌワシ、チベットシロミミキジ等の稀少動物 25 種が生息している。

アカシカ

中国語別名：青鹿、黄鹿

ジョムダ（江達）、ザユ（察隅）、リウォチェ（類烏齊）、テンチェン（丁青）、パシェ（八宿）、サンリ（桑日）、ツォナ（錯那）、ロダク（洛扎）、ルンツェ（隆子）県一帯に分布し、生息地の海抜は 3500 ～ 5000 m で、夏は 4600 ～ 4800 m の地域で活動し、冬は海抜の低い地域に移動する。9 ～ 11 月が発情期であり、出産期は 6 ～ 7 月で、一般に 1 度に 1 頭の子どもを産む。現在、国家およびチベット自治区の二級重点保護動物に指定されている。

チルーの子ども

世界最後の浄土——チャンタン自然保護区

チャンタンの大地

1993年、チベット自治区人民政府は、高原特有の自然景観と珍しい動物の保護を目的とするチャンタン自治区級自然保護区の設立を承認した。2000年の計画見直し後、国務院により国家級自然保護区として承認された。総面積は、24万7100 km^2 である。

「チャンタン」というチベット語は、「北方の未開の地」を意味する。高地にあるため、生態環境が特殊で、人跡まれな地域であり、「無人区」と呼ばれている。今日に至るまで、この土地は、依然として比較的原始的な自然の様相をほぼ残しており、世界で最も珍しい野生動物の群れと独特な動物区体系が保存されている。

チャンタン自然保護区はチベット自治区北部にあり、その平均海抜は5000m以上である。多くの湖畔の平原は、水草が繁茂し、高原の珍しい動物たちの主要な生息地となっている。保護区内には、哺乳動物28種、鳥類100種余り、両生類1種、魚類15種、爬虫類3種、昆虫340種余りが生息し、節足動物の種類は20種以上に達する。国家による重点保護対象となっているチベット高原固有の稀少な鳥獣類は、野生のヤク、チルー、キャン（チベットノロバ）、ユキヒョウ、チベットガゼル、オオヤマネコ、マヌルネコ、ヒグマ、ハイイロネコ、チベットスナギツネ、オグロヅル、チベットセッケイ、チョウゲンボウ等30種にのぼる。そのうち、チルーは4万頭以上に達し、野生のヤクは7000頭、チョウゲンボウは3万羽余りが確認されており、チャンタンはこれらの絶滅危惧野生生物分布数が世界で最も多い自然保護区である。

◀チルーの群れ

世界でツル類の生息密度が最も高い地域
——ヤルン・ツァンポ（雅魯蔵布［江］）中流河谷オグロヅル自然保護区

2001年、自治区人民政府は、1993年に設立されたオグロヅルの越冬期間における生息環境の保護を目的とするルンドゥプ（林周）ペンポ（膨波）自然保護区を拡大し、ヤルン・ツァンポ中流河谷オグロヅル自然保護区と改称することを承認した。保護区はヤルン・ツァンポ中流の河谷地域にあり、基盤の海抜は3700m前後、総面積は6143.5km^{2}に及ぶ。2003年には、国務院により国家級自然保護区に指定された。

オグロヅルは、毎年9～10月に、北チベットのシェンツァ（申扎）保護区等の地域からヤルン・ツァンポ中下流の河谷地域およびその主な支流であるキ・チュ（拉薩河）およびニャン・チュ（年楚河）の河谷地域へと南に移動し、越冬する。翌年4～5月になると、再び北チベットに渡り繁殖する。ヤルン・ツァンポ中流河谷一帯は、毎年8000羽前後のオグロヅルが越冬する、ツル類の数が世界で最も多い地域である。

オグロヅルの越冬する群れ

ヤルン・ツァンポ（雅魯蔵布[江]）河谷の冬
徐遠志撮影

世界最大の都市湿地
——ラル（拉魯）湿地自然保護区

チベット自治区人民政府は、1999年5月、都市生態バランスの維持と湿地生物多様性の保護を目的としたラサ・ラル湿地自治区級自然保護区の設立を承認した。面積は、6.2 km^2 である。

湿地は重要な自然生態系であり、生命揺籃の場所であり、生物多様性がきわめて豊かで、その地域の気候の調節に非常に重要な役割を果たしている。ラサ・ラル湿地自然保護区は、ラサ市西北部の海抜3650 m前後の地域にある。この湿地は、山間の地中から絶えず流れてくるミネラル等の物質を受け入れ、保持し、再循環させることで、幅広い種にわたる動植物および微生物の成長を維持している。植物は、高原に固有の水生植物、半水生植物、湿草地植物を主とし、よく見かける野生動物には、高原固有のコイ科スキゾトラクス（裂腹魚 *Schizothorax*）属があり、ギュムノキュプリス（裸鯉 *Gymnocypris*）属の魚およびドジョウ科ドジョウ（鰍 *Misgurnus*）属の魚、チベット高原固有の両生類である高山蛙（*Altirana Parkeri*）が非常に多くここで生活しており、鳥類は、夏にはシギ類やスズメ類やカモメ類が、冬にはヒバリ類やアカツクシガモ、インドガン、オグロヅル等が見られる。

ラル湿地

世界で最も標高の高い大きな湖
――ナム・ツォ（納木錯）湿地自然保護区

チベット自治区人民政府は、2000 年、高原湿地生態系と沙漠生態系の保護を目的としたナム・ツォ自治区級自然保護区の設立を承認した。その面積は 1 万 610 km^2 に達する。

チベットの湖は、綺羅星の如く散在し、中国国内において同緯度で東側に位置する長江中下流域の平原淡水湖地帯と、高低差が 4000 m 近くもある 2 大湖群を形成しており、この地域内には大きさが 1 km^2 を超える湖が合計 821 を数える。そのうち、ナム・ツォ自然保護区内のナム・ツォ（納木錯［湖］）は、面積が 1940 km^2 に達し、最大水深が 33 m に及ぶ、中国国内で青海湖（モンゴル名：ココノール；チベット名：ツォ・ンゴンポまたはツォ・ティショル・ギャルモ）に次ぐ第 2 の

湖畔の石柱

大湖である。ナム・ツォは、湖面海抜が4718 m ある世界で最も海抜の高い大湖である。チベット名の「ナム・ツォ」もモンゴル名の「テングリノール」もともに「天の湖」を意味する。ナム・ツォは、もとより、その海抜が高く、湖面面積が大きく、景色が非常に美しいことで知られている。

ナム・ツォはもともと、氷河の後退の痕跡に他ならない。この地域の山岳地形、大型地溝窪地、湖畔平原、湖畔を囲む環状礫州、低山丘陵、残存湖沼等は、現成氷河の研究に貴重な自然史上のデータを提供してくれる。保護区内に分布するチベットセッケイ、ヒグマ、ユキヒョウ、チルー等や、ギュムノキュプリス・ワッデッリ（高原裸鯉 *Gymnocypris waddelli*）、スキゾトラクス・プラギオストムス（横口裂腹魚 *Schizothorax plagiostomus*）、ディプトュクス・カズナコウィ（裸腹重唇魚 *Diptychus kaznakovi*）等は、いずれも高原環境に生きる固有の動植物である。

ナム・ツォは、チベット民族が古くから参拝してきた聖地でもある。

ナム・ツォ（納木錯［湖］）の夕焼け

まれに見る「土林」
——ツァンダ（札達）自然保護区

チベット自治区人民政府は、2000年、ンガリ地区の首府センゲ・ツァンポ（獅泉河）鎮の西南270kmのアイ・ラ（阿伊拉［山］）の麓に位置するツァンダ土林自治区級保護区の設立を承認した。アイ・ラは、ガンディセ（岡底斯）山脈の支脈であり、アイ・ラ南麓のグゲ（古格）地域の土林は、この地域の地形における最大の特色をなすものである。土林は、地質学上、河湖成相と称され、100万年の地質変動により形成されたものである。考証によれば、100万年以上前、ツァンダ（札達）からプラン（普蘭）までの間に周囲500km余りの大きな湖があったが、ヒマラヤ造山運動が湖盆を絶え間なく上昇させ、水位線が逓減して湖底が露出し、長年の雨による浸食で、今日の土林の相貌が刻まれたのだという。

チベット自治区人民政府は、さらに、サムドゥプツェ（桑珠孜）区内に、面積1.4km^{2}のシガツェ・チュンラン（群譲）球殻状・枕状熔岩自然保護区を設立し、ンガムリン（昂仁）県に、面積4km^{2}のンガムリン・タグチャ（搭格架Dagejia）地熱間欠噴泉群自然保護区を設立した。これら2つの自然保護区はともに非常に珍しい地質遺産型の自然保護区である。

ツァンダ（札達）の土林

チベットの主要な「鳥島」（鳥類の生息する島嶼）の概況

チベットの鳥島は、その大部分が湖の中に分布している。チベットの湖水地帯は中国で最大の湖水密集地域の1つであり、めったに人が訪れることはなく、見はらしがよく、なだらかな山と広い水域が広がる。多くの湖の中には、1000を超える大小さまざまな鳥島が分布している。鳥島の面積は、多くが0.01 km^2前後であり、0.02 km^2以上に達するものもある。鳥島に生息する鳥類の数は、一般に1000羽を超え数万羽に及び、その密度は、どこも1 m^2あたり1～2羽以上、ウ（鵜）など大型の鳥類を含んでなおこのように密集していることもある。カモメ類の密度は、1 m^2あたり10羽以上に達することもある。

鳥島で最もよくみられる鳥は、チャガシラカモメ、オオズグロカモメ、インドガ

ン、カワウだが、アカツクシガモやオウムなどもいる。鳥類のなかでも、カモメ類は、鳥島にいる確率が最も高く、2番目はインドガンである。ウが生息する島は少ないが、ウだけが棲む単一種の島を形成し、他の鳥が一緒に棲むことをほぼ排除している。その他の鳥類は単一種の島を形成することはなく、異なる種がそれぞれ1か所にまとまり、境界は厳格に守られる。植生の成長状況はおしなべて悪く、土地の多くは丸石と砂地である。敵が営巣地へ侵入したのを見つけると、鳥たちは群れの力を結集し、非常に多くの鳥が一斉に飛び立ち、耳を劈く鳴き声を上げ、四方から敵を攻撃する。毎年8月、雛鳥が一緒に大空に飛び立てるようになると、島を去り、南チベットへと渡る。

1. ツォ・ンゲン（錯鄂湖）の鳥島群

ツォ・ンゲン（錯鄂湖）は、チャンタン南部のシェンツァ県内に位置する中国第3の大きな湖であり、チベットで2番目に大きいセリン・ツォ（色林錯［湖］）の南側にあり、セリン・ツォの衛星湖と呼ばれている。湖面は海抜4562m、湖水面

パンゴン・ツォ（班公錯［湖］）湖の鳥島

ラクワ・ツォ（然烏錯［湖］）の冬の景色

積は約 244 km^2 である。湖水はミネラル（塩類）濃度による分類では微塩淡水湖に属する。湖内には、水生植物が各鳥島の周囲に成長繁茂し、魚資源が豊富である。湖内には全部で大小 6 つの島嶼があり、そのうち下記の 3 つの島に比較的多く鳥類が生息していることが、2001 年の夏におこなわれた調査で明らかになっている。

(1) サンリナツォ（桑勒日熱 Sangrinaco）鳥島

ツォ・ンゲン湖内の東寄り、湖岸から約 100 m 余りのところにあり、水面から 1.5 m ほどの高さがある。島には鳥の巣が隙間なく分布しており、平均すると 1 m^2 あたり 2.25 個の巣があり、最も密集しているところでは、1 m^2 あたり 6 個もの巣がある。島内一面に魚の骨が散らばり、鳥の糞は 10 ～ 15 cm の厚みになる。鳥の種類は、オオズグロカモメ、インドガン、アカツクシガモ、カンムリカイツブリ、キンクロハジロ等である。この島は、ツォ・ンゲン湖における鳥類が最も多く生息する鳥島である。

(2) ティエプチャ（鉄布甲勒 Tiebujia）島

ツォ・ンゲン湖の北東寄り、湖岸から300m余りのところにある。島の面積は約1.9万m^2で、水面からは1～16mの高さがある。島には、鳥の巣が主に北東部に分布する。この島に棲む鳥の種類は比較的多く、チャガシラカモメ、ユリカモメ、ユキスズメ等16種が生息する。この島は、ツォ・ンゲン湖の鳥島のなかでもチャガシラカモメとアジサシとインドガンの個体数が最も多い島である。

(3) アンゴンディプ（昂公地布 Angongdibu）島

チベット語で「インドガンの卵の島」を意味する。ツォ・ンゲン湖のほぼ中央、ティエプチャ（鉄布甲勒）島とは200m前後距離を隔てたところにある。島の面積は約1.7m^2、水面から1～14mの高さがあり、北西部には約12mの断崖がある。島には、至るところに古い鳥の巣の跡が高密度で分布し、島周辺の水域は緑の水生藻類が多く、魚類が群れをなす。この島には、2001年には、ほとんど鳥類がおらず、動物が棲息しない静寂の島と見なされていた。実地調査で島にキツネが土を掘った跡とその糞が見つかった。分析によれば、この島には、湖の氷が融解する前に、島に渡り棲みついたキツネがいて、鳥類はこの島に天敵がいることに気づき、別の島に移住したと考えられている。

2. ヤムドク・ユムツォ（羊卓雍錯［湖］）の鳥島群

ヤムドク・ユムツォ（湖）は、チベットの南部に位置し、そのほとんどがロカ（山南）市ナンカルツェ県内にある南チベット地域最大の内陸湖である。湖は、河川が流れる途中で土石流が詰まって形成された湖である。気候変動で乾燥し、水面が下がったことで、この地域の湖畔にはあちこちに段丘が形成されている。ヤムドク・ユムツォ（湖）地域は、海抜が高く、特殊な高山湖の景観を呈している。ヤムドク・ユムツォ（湖）内には、全部で16の島嶼があり、そのうち比較的大きい島が3つあってインドガンやチャガシラカモメ等の水鳥の主要な繁殖地となっている。1996年におこなわれた調査の結果は次の通りである。

(1) キウタ（奇烏扎 Qiwuzha）村のインドガン鳥島

ナンカルツェ県の中心地から西南へ60km、湖を囲む還状道路から約1kmの距離にある。全島面積は7084m^2、高さは1～40mある。毎年5月に、たくさんのインドガンがここで産卵し、6月末には雛鳥が孵化し巣立ちのときを迎える。巣は1km^2あたり平均0.313～0.375個あり、全島であわせて2355～2826羽のインドガンが生息する。

(2) シャワ（夏洼 Xiawa）村のアジサシ島

インドガン鳥島から約 2km の距離に位置し、面積 1 万 1304 m^2、高さ 30m の帽子形を呈する。鳥類は、アジサシ、インドガン、カワラバトといった種が主に分布する。島内で産卵するインドガンやアジサシはやや少なく、鳥の巣の分布もまばらである。

(3) セドゥオ（色朵 Seduo）村の鳥島

セドゥオ（色朵）村の南西約 1.5km 前後に位置する。陸地から 100m 余りの距離しかないので、水位が下がる時期には人が歩いて島に渡ることができる。島の総面積は約 5000 m^2、標高は高いところで 15m に達する。主にインドガンやチャガシラカモメがそれぞれのシーズンになると利用する産卵の地である。毎年 5 月に、まずインドガンがここで巣をつくり繁殖し、6 月初旬になって孵化し巣立つと、今度はチャガシラカモメが産卵繁殖する。全島の鳥の巣は、主に島の中心から半径 20m 圏内の範囲に分布しており、島全体でおおむね 2255 ～ 2435 個ほどの巣があり、インドガンはおおよそ 2526 ～ 2856 羽、チャガシラカモメはおおよそ 5502 ～ 8586 羽いる。

3. ドゥン・ツォ（懂錯［湖］）の鳥島

アムド（安多）県の南西 180km 前後に位置し、湖面は海抜 4544m、湖面面積は 117 km^2、ミネラル（塩類）濃度は 1ℓ あたり 30.44g の鹹湖である。この鳥島の面積は 0.1ha 足らずで島の中心は水面よりやや高い。島内に生息するチャガシラカモメは約 8000 羽余り、オオズグロカモメは約 3000 羽余りで、チャガシラカモメとオオズグロカモメの雛鳥の数は島内の他の鳥類に比べ圧倒的多数を占めている。

4. クンルン（孔龍）湖（プンツェ・ツォ 坡孜錯［湖］）のインドガンの棲む鳥島

ンガムリン（昂仁）県北西部 25km に位置するクンルン湖（プンツェ・ツォ）は湖面の海抜 4580m、湖面面積約 40 m^2 で、湖面を横切って湖を二分する細長い丘陵地が鳥島を形成している。島の面積は約 0.7ha、およそ 1000 を数えるつがいのインドガンがここで繁殖し、毎年 6000 ～ 7000 個の卵を産む。その他に、島の中心部には、少数のアカツクシガモとアジサシが分布する。毎年、約 3000 個の巣外卵を人手により回収して人工孵化させ、巣内に残された 3000 ～ 4000 個（あるいはもっと多くの）卵は親鳥が孵化させる。

タクスム・ツォ（巴松錯［湖］）

5. タムチョク・ツァンポ（当却蔵布）のアカツクシガモの棲む鳥島

サガ（薩噶）県に位置する、沖積河床の中間の鳥島である。砂州は幅が約 2.5 km、植生の成長は良好で、水深はわずか 50 ～ 200 cm にすぎない。島の面積は、河水量の増減にしたがい縮小拡大を繰り返すので、人が接近することはきわめて難しい。生息する鳥類は、主にアカツクシガモであり、つがいの成鳥が約 300 組、雛鳥が約 400 ～ 500 羽いる。

6. パンゴン・ツォ（班公錯［湖］；ツォモ・ガンラ・リンポ）の鳥島群

ルトク（日土）県の西部に位置する、中国とインド（カシミール地方）にまたがる国際湖であり、湖面全体の面積は 604 km^2、そのうち 413 km^2 が中国領内にあり、カシミール地方側に属するのは 191 km^2 である。パンゴン・ツォは、東側が淡水湖で西側が塩湖の水深の深い湖であり、中国側に属する東部区域の平均水深は 22 m に及ぶ。湖には、10 余りの鳥島があるが、主な鳥島には、歹戛勒（Daigale）島、道喔昌（Daowochang）島、道拉繞（Daolarao）島などがあり、そのうち最大の鳥島が道拉繞島である。水位が下がると湖岸と地続きになることがある。パンゴン・ツォの湖畔と小島に生息する鳥類は多く、主なものとして、インドガン、チャガシラカモメ、オグロヅル、カワウ、カンムリカイツブリ等20種が数えられる。毎年、島々を訪れて棲みつき雛を産み育てる数十万羽の鳥が、天地を覆い、鳴き声を響かせ、壮観である。

中でも、「チャガシラカモメの棲む鳥島」と呼ばれる小島は、長さ約300m余り幅約200m余りの島の上に鳥の巣が、隙間なく分布し、2万羽前後ものチャガシラカモメが生息する。「卵の島」と呼ばれる小島は、主にインドガンの繁殖の場所となっている。

さらに、湖の東岸には、「ウ（鵜）の鳥島」と呼ばれる島が、湖岸からわずか数百mの距離にある。この島は面積約6m^2、水面から数十mの高さにそびえ立つ巨大な岩塊である。島に棲んでいるのは、カワウ1種だけである。1991年の実地調査の際、推計約400～500羽のカワウ類がみられたが、カモメ類その他の鳥類にお目にかかることはなかった。

ラクワ・ツォ（然烏錯［湖］）

訳者あとがき

中国語翻訳の恩師である三潴正道先生のご紹介で、本書の翻訳のお話をいただいたのが 2017 年の夏。脱稿までに 1 年余り、校正を含めると完成までに 2 年近くもの時間を要したことになります。

その間、科学出版社東京株式会社の彭斌代表取締役、趙麗艶社長、柳文子様、細井克臣様のご助言と励ましのお言葉に背を押されて、ようやく出版にこぎ着けることができたことを本当にうれしく思います。編集をご担当いただいた川崎真美様には、読者目線のわかりやすい表現や適切な用語の選択など多岐にわたるご指摘をいただき、訳文の推敲にあたり多くの有益な示唆をいただきました。

本書との出会いと翻訳の機会を賜り、監修の労を執っていただきました三潴正道先生には、常にご多用中にもかかわらず、訳者のなかなか捗らない訳業をあたたかくときに厳しく叱咤激励いただきましたこと感謝の念に堪えません。

関係いただいた方々に心からの感謝の意を述べさせていただきます。

翻訳の過程で、気づかされたのは、本書の対象とするチベット自治区の自然地理や文物に関する情報が当初予想していた以上に入手しにくく、特に日本語の情報が非常に少ないことでした。このことは、日本の読者のみなさまにとって本書が貴重な情報源になり得ることを示してもいるのだと思います。

固有名詞や学名の表記には細心の注意を払いましたが、浅学ゆえの誤りや思い違いなどがあろうかと思います。識者のご批正を乞う次第です。

チベット高原の美しくも過酷な環境下において力強く生を営むいきものたちの姿が色鮮やかな写真とともに紹介された本書を通じて、彼の地で大自然に包まれ信仰とともに生きる人びとと、太古よりともにときを刻んできた生きとし生けるものに思いを寄せていただけるならこれにまさるよろこびはありません。

小山康夫

2019 年 6 月

索　引

※動植物については、原則として図説（詳細な説明）があるもの及び複数回登場しているものを取り上げた。太字は図説の頁である。
※植物については、学名のアルファベット順で掲載し、植物名の日本語と中国語を併記している。
※地名については、チベット自治区の行政市区及び複数回登場する河川・山・湖などの名称を取り上げた。

◈ 植物

Abies sp.
モミ（マツ科モミ属）／冷杉　40, 70, 74, 80

Abies spectabilis
ヒマラヤモミ（マツ科モミ属）／喜馬拉雅冷杉　32, **84**

Aconitum kongboense
トリカブト（キンポウゲ科トリカブト属）の一種／工布烏頭（中国医薬「雪山一支蒿」）　**127**

Agaricus bisporus
マッシュルーム（ハラタケ科ハラタケ属）／双胞蘑菇、草原蘑菇、草原白蘑　**160**

Allium carolinianum
アリウム・カロリニアヌム（ユリ科（またはヒガンバナ科ネギ亜科）ネギ属）／鎌葉韮　**161**

Alsophila spinulosa
ヘゴ（ヘゴ科ヘゴ属）／桫欏、樹蕨　78, **79**

Arenaria bryophylla
アレナリア・ブリュオピュッラ（ナデシコ科ノミノツヅリ属）／癬状雪霊芝、苔状蚤綴　**155**

Asplenium antiquum
オオタニワタリ（チャセンシダ科チャセンシダ属）／鳥巣蕨　**83**

Astragalus armoldii
アストラガルス・アルモルディー（マメ科ゲンゲ属）／団墊黄耆　**158**

Berberis anhweiensis
サンカシン（メギ科メギ属）／三顆針　38, 70, 115, 120

Carex sp.
スゲ（カヤツリグサ科スゲ属）／苔草　**153**

Cephalotaxus hainanensis
ケパロタクスス・ハイナネンシス（イヌガヤ科イヌガヤ属）／海南粗榧　**78**

Ceratostigma sp.
ケラトスティグマ（イソマツ科ルリマツリモドキ属）の一種／紫金標　**123**

Chaenomeles tibetica
カエノメレス・ティベティカ（バラ科ボケ属）／西蔵木瓜　**50**

Cinnamomum camphora
クスノキ（クスノキ科クスノキ属）／香樟　68, 78

Citrus limonia
レモン（ミカン科ミカン属）／檸檬　**92**

Citrus medica
シトロン（ミカン科ミカン属）／香櫞　**90**

Coeloglossum viride
アオチドリ（ラン科アオチドリ属）／凹舌蘭　44

Coelogyne sp.
セロジネ（ラン科セロジネ属）／貝母蘭　**86**

Cordyceps sinensis
冬虫夏草（オフィオコルデュケプス科オフィオコルデュケプス属）／冬虫夏草　**26**，33，35，38，44，46，189

Cupressus torulosa
オオイトスギ（ヒノキ科イトスギ属）／西蔵柏木　32，80

Cyclobalanopsis xizangensis
チベットオーク（ブナ科アカガシ属（もしくはコナラ属アカガシ亜属））／西蔵青岡　32

Cymbidium iridioides
キュムビディウム・イリディオイデス（ラン科ラン属）／黄蝉蘭、察隅虎頭蘭　**80**

Cyperaceae
カヤツリグサ（カヤツリグサ科）／莎草　**122**

Delphinium sp.
デルフィニウム（キンポウゲ科デルフィニウム属）／翠雀花　**95**

Dendrobium nobile
デンドロビウム・ノービレ（ラン科セッコク属）／石斛蘭　**82**

Elaeagnus umbellata
アキグミ（グミ科グミ属）／牛奶子　**94**

Euphorbia sp.
トウダイグサ（トウダイグサ科トウダイグサ属）／大戟　78

Fritillaria sp.
バイモ（ユリ科バイモ属）／貝母　38，44，189

Ganoderma lucidum
マンネンタケ（マンネンタケ科マンネンタケ属）／霊芝　35，189

Garcinia hanburyi
トウオウ（フクギ科フクギ属）／藤黄　69

Gentiana algida
トウヤクリンドウ（リンドウ科リンドウ属）／高山竜胆　**125**

Gentiana macrophylla
オオバリンドウ（リンドウ科リンドウ属）／秦艽　**127**

Herminium monorchis
クシロチドリ（ラン科ムカゴソウ属）／角盤蘭　32，44

Hippophae sp.
サジー（グミ科サバクグミ（ヒッポファエ）属）／沙棘　94，121，**127**，**158**

Hordeum vulgare
ハダカムギ（イネ科オオムギ属）／青稞　22，**32**，120

Incarvillea younghusbandii
インカルヴィレア・ヤングハズバンディー（ノウゼンカズラ科ハナゴマ属）／蔵菠蘿花　**156**

Iris potaninii
イリス・ポタニニー（アヤメ科アヤメ属）／巻鞘鳶尾　**158**

Juglans sp.
クルミ（クルミ科クルミ属）／西蔵核桃　**51**

Lagerstroemia minuticarpa
ランゲルストロエミア・ミヌティカルパ（ミソハギ科サルスベリ属）／小果紫薇　**87**

Luculia gratissima
ルクリア・グラティッスィマ（アカネ科ルクリア属）／馥郁滇丁香　**94**

Malus sp.
野生リンゴ（バラ科リンゴ属）／野生苹果　47，**48**

Manglietia microtricha
チベットモクレン（モクレン科植物の一種）／西藏木蓮 32
Meconopsis sp.
メコノプシス（ケシ科メコノプシス属）／緑絨蒿 **88**，**154**
Musa balbisiana
チベットイトバショウ（バショウ科バショウ属）／西藏野芭蕉 **93**
Myricaria prostrata
ミュリカリア・プロストラータ（ギョリュウ科ミュリカリア属）／匍匐水柏枝 152，**160**
Nardostachys chinensis
カンショウ（オミナエシ科カンショウコウ属）／甘松 32，44
Opuntia monacantha
オプンティア・モナカンタ（サボテン科オプンティア属）／西南仙人掌 **47**
Paeonia sp.
ボタン（ボタン科ボタン属）／牡丹 78，80，188
Paeonia delavayi
パエオニア・デラヴァイ（ボタン科ボタン属）／黄牡丹 **80**
Paeonia lactiflora
シャクヤク（ボタン科ボタン属）／芍薬 44
Paeonia veitchii
セキシャク（ボタン科ボタン属）／川赤芍薬 **45**
Pedicularis sp.
シオガマギク（ゴマノハグサ科（またはハマウツボ科）シオガマギク属）／馬先蒿 **121**
Phoebe sp.
タイワンイヌグス（クスノキ科タイワンイヌグス（ポエベ）属）／楠木 68，78
Phragmites australis
ヨシ（イネ科ヨシ属）／葦蘆 123，**124**
Phyllostachys decora
ピュルロスタキュス・デコラ（イネ科マダケ属）／西藏粗竹 **89**
Picea sp.
トウヒ（マツ科トウヒ属）／雲杉 **39**，40，44，69，70，73，74，80，85，97，190，191，192
Picea likiangensis var. balfouriana
リキアントウヒ（マツ科トウヒ属の麗江雲杉）の変種 ／川西雲杉 **39**，44，**51**
Picea smithiana
モリンダトウヒ（マツ科トウヒ属）／長葉雲杉 32，80，**85**，192
Pinus densata
ピヌス・デンサタ（マツ科マツ属）／高山松 **72**
Pinus gerardiana
チルゴザマツ（マツ科マツ属）／西藏白皮松 32
Pinus palustris
ダイオウマツ（マツ科マツ属）／長葉松 32，80
Piptanthus nepalensis
ピプタントゥス・ネバレンシス（マメ科ピプタントゥス属）／黄花木 **47**
Pleione bulbocodioides
タイリントキソウ（ラン科プレイオネ（タイリントキソウ）属）／独蒜蘭 **82**
Polygonum viviparum
ムカゴトラノオ（タデ科タデ属）／珠芽蓼 **46**
Populus davidiana
チョウセンヤマナラシ（ヤナギ科ヤマナラシ属）／山楊 73

Potentilla fruticosa
キンロバイ（バラ科キジムシロ属）／金腊梅 **128**
Primula waltonii
プリムラ・ワルトニイ（サクラソウ科サクラソウ属）／紫鐘報春 **124**
Pseudotsuga forrestii
メコントガサワラ（マツ科トガサワラ属）／瀾滄黄杉 32，44
Punica granatum
野生ザクロ（ザクロ科野生ザクロ属）／野生石榴 **49**
Rheum nobile
セイタカダイオウ（タデ科ダイオウ属）／塔黄 **90**
Rhodiola sp.
イワベンケイ（ベンケイソウ科イワベンケイ属）／紅景天 35，**90**，154，188
Rhodiola quadrifida
ロディオラ・クワドリフィダ（ベンケイソウ科イワベンケイ属）／四裂紅景天 **154**
Rhododendron arboreum
ロドデンドロン・アルボレウム（ツツジ科ツツジ属）／樹形杜鵑 **86**
Rhododendron lutescens
ロドデンドロン・ルテスケンス（ツツジ科ツツジ属）／黄花杜鵑 **27**
Rhododendron nivale
ロドデンドロン・ニウァレ（ツツジ科ツツジ属）／雪層杜鵑 **49**
Rhododendron taggianum
ロドデンドロン・タッギアヌム（ツツジ科ツツジ属）／白喇叭花杜鵑 **84**
Sabina chinensis
イブキ（ヒノキ科ビャクシン属）／円柏 38，**39**，44，70，118，120，121，196
Salix annulifera
サリックス・アンヌリフェラ（ヤナギ科ヤナギ属）／矮柳 **88**
Saussurea sp.
トウヒレン（キク科トウヒレン属）／雪蓮花 **156**
Saussurea tridactyla
チベットセツレン（キク科トウヒレン属）／西蔵雪蓮または三指雪兔子 32
Selaginella sp.
イワヒバ（イワヒバ科イワヒバ属）／巻柏 **123**
Sinopodophyllum hexandrum
ヒマラヤハッカクレン（メギ科ヒマラヤハッカクレン属）／桃児七 32，**44**，78
Sophora moorcroftiana
ソフォラ・モールクロフティアナ（マメ科ソフォラ属（クララ属））／沙生槐 **128**
Sorbus pohuashanensis
トウナナカマド（バラ科ナナカマド属）／花楸 73
Spiraea salicifolia
ホザキシモツケ（バラ科シモツケ属）／繍線菊 115，121
Stellera chamaejasme
イモガンピ（ジンチョウゲ科イモガンピ属）／甘遂 **157**
Stipa purpurea
スティパ・プルプレア（イネ科ハネガヤ属（スティパ属））／紫花針茅 **152**
Taxus chinensis
チュウゴクイチイ（イチイ科イチイ属）／紅豆杉 78，**81**
Taxus wallichiana
ヒマラヤイチイ（イチイ科イチイ属）／喜馬拉雅紅豆杉 80，81，188，192

◈ 動物

【ア行】

【カ行】

◈ 地名

【ア行】

アムド（安多）　142，224
イドン（易貢）　34，66
インダス川　12，62，148
インド洋　12，62，187
エベレスト　→　チョモランマ

【カ行】

カラコルム　12，142
ガル（噶爾）　8，10，62，112，181
ガンジス川　62
ガンディセ（岡底斯）　12，112，142，144，218
キ・チュ（拉薩河）　18，33，112，114，116，119，120，121，123，124，212
キドン（吉隆）47，53，62，66，81，84，85，97，100，105，114，192，193，195，199
ギャツァ（加査）　112，132
ギャンツェ（江孜）　138
クヌ・ラ（崑崙山）　12，142
ココシリ山脈　→　フフシル山脈
ゴンジョ（貢覚）　45
コンポ（工布）　11，22
コンポギャムダ（工布江達）　45，62，112，132，138

【サ行】

サキャ（薩迦）　24
サルウィン川　12，26，37，148，149
シェンツァ（申扎）　138，139，142，151，181，204，205，212
シガツェ（日喀則）8，10，21，34，62，112，139，140，141，166，167，170，173，181
ジョムダ（江達）　45，53，59，60，105，209
シワリク山　62
セキィム・ラ（色斉拉）　74
セリン・ツォ（色林錯［湖］）　14，144，151，162，204，205，206，221
センゲ・ツァンポ（獅泉河）　62，148，218
ソク（索）　36，55

【タ行】

ダクイプ（巴宜）　62，86，89，95，96，99，105，109，140，188，196，203
ダクヤプ（察雅）　60，105
ダチェン（巴青）　36，55
ダム（樟木）　53，66，97，100，193，194，195
ダムシュンヤンパチェン（当雄羊八井）　138
タリナム・ツォ（扎日南木錯［湖］）　14
ダルマ・ラ山（達爾馬拉［山］）　12
タワング（達旺）　66
タンラ・ユムツォ（当惹雍錯［湖］）　14
タンロン（丹龍）　97
チベット高原　4，6，9，12，14，17，19，22，30，32，34，36，62，88，124，127，129，138，142，148，160，162，165，167，173，178，184，189，211，214，236，238
チベット自治区　3，4，6，7，8，10，12，14，18，20，24，26，30，32，33，34，35，36，38，45，52，53，54，55，56，58，59，60，62，89，97，98，99，100，101，103，105，110，111，112，116，121，122，125，127，129，131，132，133，135，137，138，140，141，142，154，156，158，163，164，165，166，167，169，170，171，173，175，177，178，179，181，182，183，184，185，186，187，188，190，192，193，194，195，196，198，200，201，202，203，204，208，209，211，214，216，218，228，236，238
チェマユンドゥン（傑馬央宗）氷河　65
チャムド（昌都）　9，11，15，36，53，54，55，56，60，132，139，140，173
チャンタン高原　3，7，9，18，20，34，129，142，149，150，162
長江　12，14，26，142，148，216
チョモランマ　7，11，27，97，99，112，114，192，194，198，199
ツァキャ・ツァンポ（扎加蔵布［江］）　12，142，162
ツァンダ（札達）　62，181，218，219
ツォナ（錯那）　62，81，98，99，111，112，131，166，188，209

ディル（比如）　36
ディンキェ（定結）　62, 84, 100, 114, 193
ティンリ（定日）　62, 84, 114, 166, 199
テナセリム山脈　12
ドモ（亜東）　62, 66, 81, 84, 100, 105, 193

【ナ行】

ナクチュ（那曲）　8, 9, 10, 11, 36, 55, 56, 62, 112, 132, 139, 142, 165, 166, 167, 170, 173, 184
ナムチャバルワ（南迦巴瓦［峰］）　65, 66, 77, 186, 187
ナム・ツォ（納木錯［湖］）　11, 14, 144, 164, 216, 217
ナムリン（南木林）　138
ナン（朗）　66
ニェンチェン・タン・ラ（念青唐古拉）山脈　12, 112, 142, 149
ニャラム（聶拉木）　62, 81, 84, 97, 105, 166, 194, 195, 199
ニンティ（林芝）　9, 11, 25, 45, 54, 62, 81, 97, 139, 141, 196, 202
寧静山脈　12

【ハ行】

パルン・ツァンポ（帕隆蔵布［江］）　66
ヒマラヤ　3, 4, 9, 12, 18, 20, 27, 30, 32, 34, 43, 44, 46, 47, 49, 51, 52, 56, 62, 63, 65, 66, 67, 68, 72, 78, 80, 81, 83, 84, 88, 90, 97, 101, 106, 112, 114, 129, 141, 178, 188, 189, 192, 194, 195, 198, 202, 203, 218, 228, 231, 233, 235
プチュン（布裙）湖　72
フフシル（ココシリ）山脈　12, 142
ブラマプトラ川　→　ヤルン・ツァンポ
ペンバル（辺壩）　53
ボシュ・ラ（伯舒拉［嶺］）山脈　12
ポメ（波密）　45, 53, 59, 60, 62, 69, 81, 96, 97, 99, 105, 106, 188, 190, 191, 203

【マ行】

マルカム（芒康）　12, 45, 53, 58, 59, 60, 82, 105, 200, 201
ミ・ラ（米拉山）　24
メコン川　12, 26, 43, 148, 200
メト（墨脱）　32, 82, 86, 100, 187
メルド・グンカル（墨竹工卡）　132
メンユ（門隅）　98, 100, 103, 188, 193
メンリン（米林）　45, 66, 96, 98, 99, 188, 203

【ヤ行】

ヤルン・ツァンポ（雅魯蔵布）　11, 12, 18, 20, 24, 26, 33, 34, 65, 66, 67, 69, 71, 77, 84, 87, 89, 93, 94, 97, 112, 113, 114, 115, 116, 121, 129, 131, 148, 149, 186, 187, 190, 202, 205, 212, 213

【ラ行】

ラサ（拉薩）　9, 11, 18, 32, 33, 34, 112, 116, 138, 139, 140, 141, 181
ラリ（嘉黎）　55, 62, 112
ランチェン・ツァンポ（象泉河）62, 144, 148
リウォチェ（類烏齊）　60
ルンツェ（隆子）　62, 131, 166, 188, 209
ルンドゥプ（林周）　118, 119, 132, 212
ロカ（山南）　9, 11, 20, 34, 54, 62, 112, 115, 131, 139, 141, 166, 170, 173, 223
ロダク（洛扎）　45, 62, 98, 131, 166, 209
ロユ（珞瑜）　98, 100, 103, 188, 193
ロロン（洛隆）　53, 105

【ン】

ンガリ（阿里）　8, 10, 62, 112, 139, 140, 142, 144, 149, 165, 166, 167, 170, 173, 184
ンデンタン（陳塘）　66, 100, 193

■略歴

著者

劉　務林（Liu Wulin　リュウ ウリン）

1953年生まれ。山西省興県出身。1979年3月山西省林業学校卒業。現職は、チベット自治区林業調査計画研究院院長・研究員。主にチベット地域における高原野生動植物の保護及び利用の研究に従事する。30年に及ぶ調査研究の過程でチベットのほとんどすべての山岳・河川・湖沼・森林・牧草地帯を踏破。若くして才覚を現し、一技術者として経験を積みながら業績を重ね、チベット自治区林業調査計画研究院院長に就任するにいたる。中国国内でも著名な生物学者であり、「チベット高原生態の生き字引」と讃えられる。本書や『チベット自然保護区』等の著書は、チベット林業分野の実地調査研究及び野生動物保護の資料として高く評価されている。

監訳者

三潴正道（みつま　まさみち）

麗澤大学名誉教授。NPO法人「日中翻訳活動推進協会（而立会）」理事長。上海財経大学商務漢語基地専門家。日中学院講師。主な著書には、『必読！　いま中国が面白い』（日本僑報社）、『時事中国語の教科書』（朝日出版社）、『論説体中国語解読力養成講座』（東方書店）、『ビジネスリテラシーを鍛える中国語Ⅰ、Ⅱ』（朝日出版社）、『「人民日報」で学ぶ「論説体中国語」翻訳ドリル』（浙江出版集団東京）、翻訳書には、『習近平の思想と知恵』（科学出版社東京）、『図解現代中国の軌跡　経済／政治／教育／国防』（監訳、科学出版社東京）などがある。またネットコラムとして、『現代中国放大鏡』（グローヴァ）、『中国「津津有味」』（北京日本商会）、『日中面白異文化考』（チャイナネット）、『日中ビジネス「和睦相処」』（東海日中貿易センター）などがある。

翻訳者

小山康夫（こやま　やすお）

NPO法人「日中翻訳活動推進協会」（而立会）認定翻訳士。

世界の屋根——チベットの生き物

2019年8月29日　初版第1刷発行

著　　者　劉　務林
監 訳 者　三潴正道
翻 訳 者　小山康夫
発 行 者　彭　斌
発　　行　科学出版社東京株式会社
〒113-0034　東京都文京区湯島2丁目9-10　石川ビル
TEL 03-6803-2978　FAX 03-6803-2928
http://www.sptokyo.co.jp
編　　集　川崎真美
装丁・組版　越郷拓也
印刷・製本　モリモト印刷株式会社

ISBN 978-4-907051-49-5 C1045

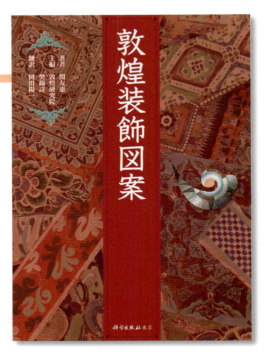